名建筑的条件

The Condition of Architectural Masterpiece

〔日〕山梨知彦 著
范悦 监译
张玲 范悦 译

辽宁科学技术出版社
·沈阳·

目录

Foreword

［前言］

什么是名建筑？

我们这个年代的建筑师所接受的教育是带有强迫性的。例如在项目开始前一定要先定下设计概念，然后再着手进行设计。如果没有明快的设计理念就无法开展设计工作，并且一旦这个概念被决定了，任何方面出现的偏差都是不被允许的，坚信只有切合设计理念的做法才可以使建筑有讲究有品位。没有偏移，强有力的方法，才可以设计出伟大而又独一无二的建筑——我们正是在这样的建筑设计价值观的指导下被教育着。

但是我却从主流的建筑设计中偏离出来，到大型建筑设计事务所去做实践工作了。说起来做实践工作，相比理念更加注重对现实的肯定，相比寻求独一无二的答案更注重时代与现状，即被称之为“现实既然如此，也是种探索方法”的处理方式。换言之，如果时代变化，与其相关的人会变化，随之产生的建筑也需要变化，甚至对这些建筑的评价也一定会有所改变。

比起为名建筑“定义”，我更要写下“所思所想”的片段

《日经建筑》杂志要开设这样一个专栏，被称为“名建筑的连载”，基于这个契机，我以“山梨知彦的名建筑解读”为标题开始进行连载（之后改为“山梨式／名作解读”）。

最初从“什么是名建筑”这样的题目开始思考。考虑着只要一开始明确名建筑之所以成为名建筑的原因，再选择可以使这个定义丰满起来的案例，然后思考整体的结构，也许就是编撰书籍的捷径，并且同样可以把题目明确地传达出来而成为连载。

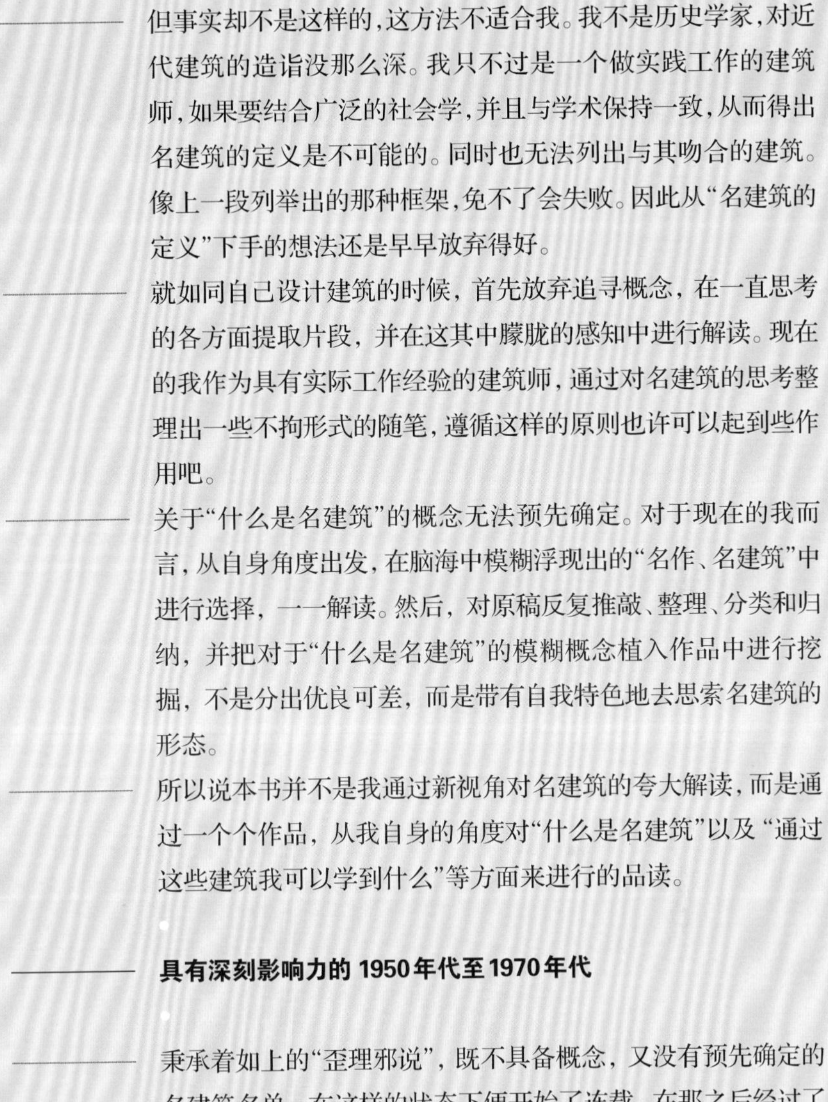

但事实却不是这样的，这方法不适合我。我不是历史学家，对近代建筑的造诣没那么深。我只不过是一个做实践工作的建筑师，如果要结合广泛的社会学，并且与学术保持一致，从而得出名建筑的定义是不可能的。同时也无法列出与其吻合的建筑。像上一段列举出的那种框架，免不了会失败。因此从“名建筑的定义”下手的想法还是早早放弃得好。

就如同自己设计建筑的时候，首先放弃追寻概念，在一直思考的各方面提取片段，并在这其中朦胧的感知中进行解读。现在的我作为具有实际工作经验的建筑师，通过对名建筑的思考整理出一些不拘形式的随笔，遵循这样的原则也许可以起到些作用吧。

关于“什么是名建筑”的概念无法预先确定。对于现在的我而言，从自身角度出发，在脑海中模糊浮现出的“名作、名建筑”中进行选择，一一解读。然后，对原稿反复推敲、整理、分类和归纳，并把对于“什么是名建筑”的模糊概念植入作品中进行挖掘，不是分出优良可差，而是带有自我特色地去思索名建筑的形态。

所以说本书并不是我通过新视角对名建筑的夸大解读，而是通过一个个作品，从我自身的角度对“什么是名建筑”以及“通过这些建筑我可以学到什么”等方面来进行的品读。

具有深刻影响力的1950年代至1970年代

秉承着如上的“歪理邪说”，既不具备概念，又没有预先确定的名建筑名单，在这样的状态下便开始了连载。在那之后经过了两年时间，累积了20次的连载，在把它们进行整理、分类以及归纳的过程中，再次把模糊概念植入，经过总结归纳一定会找出“什么是名建筑”的概念的。

重新阅读连载的原稿时我注意到，入选的作品多集中在日本经济高速增长期即1950年代至1970年代。20个作品中居然有16个是这个时期的产物。

如果可以理解成是我的独家解说的话，绝不是指那个时期的名建筑多，而是从我自身喜爱的角度，以及所搜集到的建筑来看，恰巧那个时期的作品非常多。

对于1960年出生的我，孩提时代通过电视和媒体初识了如同大英雄般人物的“丹下健三”。在经济高速增长的时代里，建筑大师们会聚一堂。特别是1970年的日本大阪世博会成为还在读小学的我生活中的最大事件，这也直接影响了年少的我，也是长大后我把建筑师作为职业的一个直接诱因。

日本经济高速增长期的现代建筑，给我留下了今生难以忘怀的印象。这时期的建筑作品作为我建筑职业生涯的原点，无论从哪个角度上也无法偏离，并且在连载中有所呈现。建筑具有强有力的造型，并且大型建筑居多。所以，那个时代的建筑，其造型和技术已经到了不可分割的发展程度。明白了这个道理后，我设计和建造建筑的初始理论也就形成了。

我做判断的7个着眼点

通过分析连载进行分类，并总结出以下7个关键词。

1. 整合；
2. 原理；
3. 空间；
4. 时间；
5. 材料；
6. 人；
7. 场所。

这些关键词对于名建筑而言是否带有普遍性，这是我所不知的。但是，从我自身角度以及价值观来判断名建筑的话，上述的7个关键词可以成为判断是否是名建筑的依据了。

在古典建筑作品中“时间”“空间”“场所”这些概念都自然而然地被表达着。例如着眼于“原理”这个关键词，通常指普遍原则。对我而言，与其说是一种“处理方式”，不如说是作为建筑师在制造了“物”的基础上，捕捉并设定而形成的“规则”。反复看我参与设计的“木材会馆”和“HOKI美术馆”，发现“材料”对我的设计作品有着极大的影响，所以思考名建筑时意识到“材料”是个重要的关键词。

进一步而言，值此汇总之际，重新看原稿的时候却实实在在感受到，虽然只过去两年时间，但是如果现在选用同样的建筑，所选取的角度将会有很大的不同。例如，第一章所选用的“皇居旁大厦”，当时执笔的时候，正值“NBF大崎大厦（旧称索尼之城大崎办公楼）”竣工之际。我那个时候的关注点都集中在建筑本体的混凝土浇筑，以及其外挂幕墙上，正由于选取角度是由当时的关注点决定的，所以才能够非常准确干脆地找到着眼点来解读皇居旁大厦。

如果现在来解读的话，更加直率地说，会对皇居旁大厦降水的可视化外墙与NBF大崎大厦被称作“生态表皮”的外墙进行解读，即通过收集雨水来尝试使建筑和城市达到冷却的差异性方面进行论述。如是，我想坦言，对名建筑的解读，是受时代以及所处环境的变化而影响着的。

向人们不断传达信息的建筑

尽管如此，撰写的连载文章这回要以书籍的形式展现出来，并以“名建筑的条件”为题，总觉得给读者能有些许启发也是好的。在这里登载的建筑也好，我的经验之谈也好，希望更多的人观察、体验，并且反复地进行参照，可以从中领悟到些什么，认可其中的价值，这就是我的连载延续至今的理由吧。

建筑在建造的时候所展现的就是当时的社会，所以现代建筑是述说现代社会意义的建筑。我这样的建造者，可以领会建筑设计要素并与建筑对话；建筑之于使用者，虽保持着沉默却敞开温暖的怀抱迎接他们的到来。建筑给人们它的所有，深刻而多样，使人们对名建筑有了认知。与此同时，建筑也不会被淘汰并可以继续留存下去。就这样，可以从多角度进行解读的名建筑得到了人们的爱戴，鲜活而长存的建筑也一直用自己的方式与人们对话着。

选出“每个人心目中的名建筑”的契机

然而，从另一方面而言，建筑是沉默寡言的。

建筑与人们的对话，意义深长却寡言少语。有时人们听到了建筑的话语，却没有注意到这其中的价值，所以消失的名建筑多了起来。事实上，这里所选取的20个建筑，很多都是面临着存续的危机。所以说，理解名建筑的第一步是，建筑师或者喜爱建筑的普通市民，学会倾听建筑所释放出来的语言，并根据自身的喜爱来从众多的建筑中选择出名建筑。值得一提的是，要时不时地说出：我就是喜欢这栋建筑，这就是名建筑。我认为这样的行为很重要。通过这样的筛选，已被拆除的建筑，个人喜欢的建筑与社会上公认的名建筑完全可能同等重要。

对我而言，洋洋洒洒地撰写这本书正好是一个契机，即我成为读者的代言人，推选出名建筑案例，并解读其价值。经过这样的筛选，真正的名建筑得以保留，通过我对名建筑的分析，如果能为日本城市景观设计的进一步成熟助一臂之力的话，那将是我的荣幸。

山梨知彦

名建筑的条件

The Condition of Architectural Masterpiece

Chapter 1

Integration

建筑整合了许多思想与不同要素，
把这些整合在一起会产生新的意义。
属于建筑的一部分细节，很多时候是与建筑本体分离开的，
很多时候被形容成"独立的要素"。
但是，如果尝试关注名建筑的细节的话，
与其说是细节组合成为全体，
还不如说是建筑超越所有的细节而释放出绚丽与辉煌。
所以，是否持有与全体不可分割的"必然的细节"，
就成为用来判断名建筑的一个条件了。

细节
通过与全体"整合"
实现超越全体的意义

第一章

[整合]

皇居旁大厦

1966 | Palaceside Building

设计：日建设计工务

01

工业外装表象下

“手工制作”的楼板

皇居旁大厦的全景。
2011年11月过世的林昌二主持的设计。
设计时林昌二不到40岁。

山梨氏视角
YAMANASHI's EYE

皇居旁大厦的无限魅力源于其独具特色的工业化外装和圆形的核心筒。然而，本篇想要着眼的却是楼板的剖面。实际上，该建筑在核心筒和外部装饰都没确定的情况下，建筑本体的施工就已经开始了。将先施工的建筑主体与较晚才确定的在工厂加工的外装材料整合起来的关键是楼板前端的现浇混凝土技术。本篇就来探寻一下。

最先介绍的案例是由日建设计工务（现日建设计）设计，1966年竣工的建筑作品皇居旁大厦。这个作品是在我入职很久之前的一个项目。

很多评论说这个作品是受工业制品影响而形成的外装饰面[图1，照片1]，对于这一点就算问询建筑业务实际操作者也毋庸置疑。

设计最终阶段才确定的圆形核心筒

比如说这个圆形的核心筒，是由半径11米和7.85米的两个圆仅以圆心偏离0.4米的距离被安置，越向里面行进空间越狭长，方

[图1]
受"生态表皮"的影响

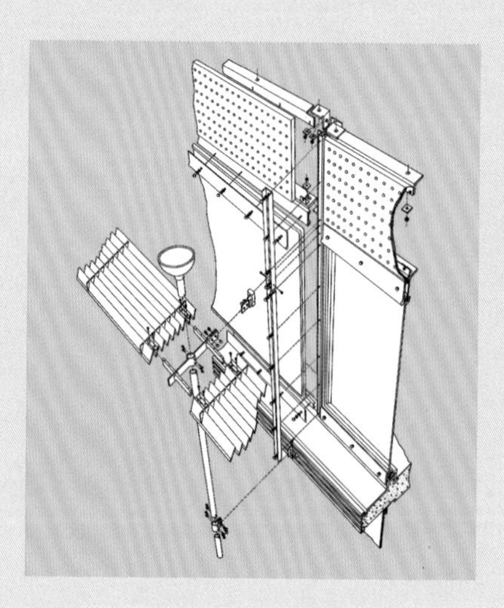

外部装饰的结构图。为应对日本强烈的日照和丰沛的降水，外部装饰由工业制品组合而成。我们设计的索尼之城大崎办公楼（现NBF大崎大厦）的"生态表皮"也展现出具有深度的幕墙表皮和可视化雨水处理设计。

[资料：日建设计]

[照片1]
利用工业制品
生成的阴影

从西侧入口向上看外装饰面
右侧为安置电梯和卫生间的圆形核心筒
（照片：除特殊标记外均由吉田诚提供）

向性和流动性也应运而生[图2]。核心筒的构成主要通过整合几何学中圆心位移的理论而得出，非常精致美观。

当得知这独具特色的核心筒和外装饰面在开始施工的时候还没被确定的事实，我感到格外吃惊[图3]。通过最后阶段的平面图[图4]，建筑长条状走廊和圆形核心筒的位置关系也有些微妙。由图纸中东北侧倾斜切入的基地形状来看，可以推测直到最后阶段才摸索并决定核心筒的形状。

使这个建筑升华为名作的重要原因，毋庸置疑是“阶段设计法”。1963年处于经济高速增长期初期，注定要求火速建设，这也成为皇居旁大厦的指导方针。建筑在整体设计没有结束之前就开始施工了。建筑本体施工开始后，设计不断推进。如果用现代建筑的语言来形容可以联想到“快速建设之道（fast-track即设计和施工同时进行）”或者是由承重结构骨架（S）与内部空

[图2]
圆心位移而产生的卫生间的平面图

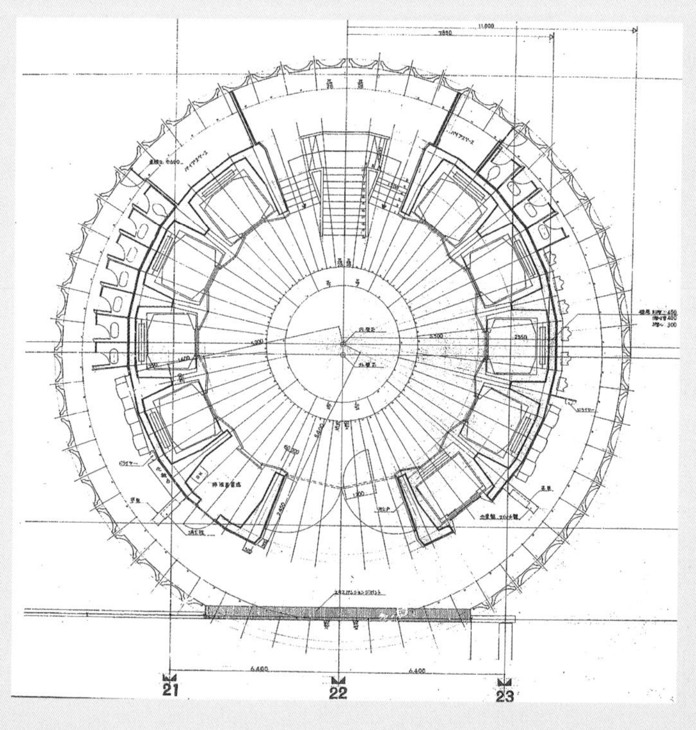

圆形核心筒的平面图。半径11米和7.85米的两个圆的圆心有0.4米的距离（上圆心是内壁轴线，下圆心是外壁轴线）。越向里空间越狭窄，继而实现了无法直接看到内部的非通透性布置方式。

[图3]
没有圆形核心筒的基本设计图

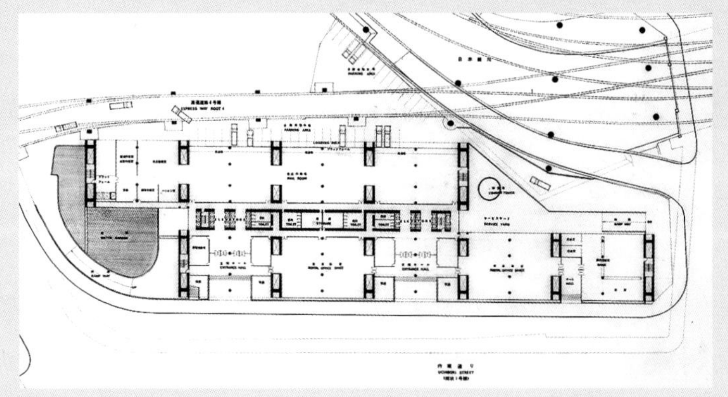

基本设计阶段的平面图没有带有特征的圆形核心筒，
这在开工阶段也没有确定下来。

[图4]
最终阶段表现出来的圆形核心筒

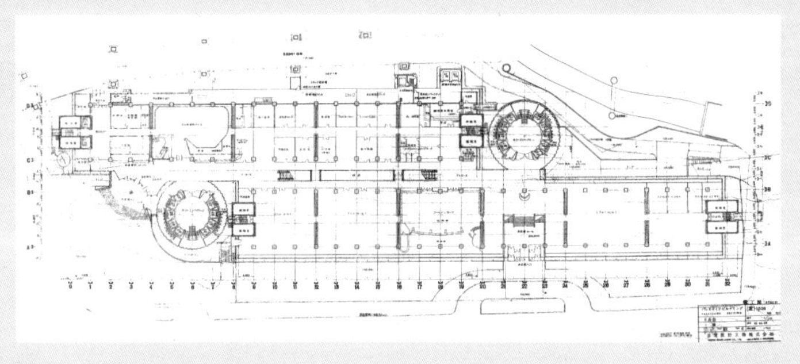

在建筑主体的施工过程中，设计的最终阶段才突然具体体现的圆形核心筒。
在先行决定的诸多条件下，圆形核心筒的外壁紧贴着基地东北的边界线，
卡车车道以栈桥的形式伸向日本桥的河流。

间(I)的SI住宅体系之类的技法。

设计团队的核心人物林昌二这样说道："对于大规模建筑物的构件，要根据其寿命长短进行区分，然后设计及施工也要遵循这些区别来明确每个阶段要解决的事情。这样建筑物就被赋予了一种可变性，即未来建筑物会根据环境变化而随其变化，由此也产生相对应的设计方法(也就是阶段设计法)，在这里我们正是采用了这种方法。"

利用手工作业来进行楼板部位调整

现场施工的建筑本体与由工业制品打造的精致的预制外装以及管道设备等的关系，是在现场施工阶段进行整合的，类似于神社寺庙建筑屋檐的斗拱在现场施工中被巧妙地建造出来。现场浇筑的混凝土楼板,正是通过“手工作业”来实现的。

这个建筑的构造是钢架钢筋混凝土结构，楼板前端大约2米的部分，没有用钢架只是钢筋混凝土结构。这个地方或多或少为“手工作业”留有余地，为现场先施工的部分与工厂加工的外装部分，以及与风管类等部分的完美整合预留施工余地。正因如此,楼板前端的整合成功填补了设计空缺。

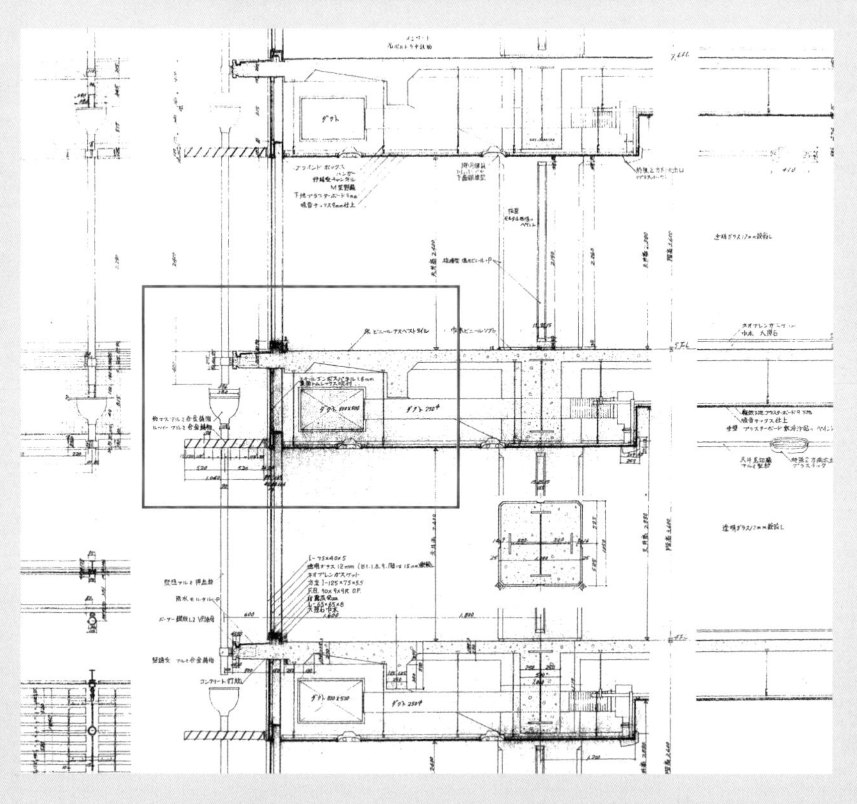

[图5]
楼板前端的手工技艺

楼板前端大约2米的部分,没有置入钢架,只是现场浇灌的钢筋混凝土构造。恰好是这个部分使先施工的建筑整体部分、工厂预制生产的外部装饰部分以及风管类部分可以进行整合。集中表现在楼板前端部分的150毫米到250毫米复杂可变的剖面。

技术的关键在于楼板在150毫米到250毫米之间以可变的形状进行浇筑[图5]。这个建筑，是工厂生产部件和手工技艺共同协作而完成的作品。

阶段设计的设计方法是，从人们目不可及的楼板前端开始，到制约建筑整体生命周期的原理的推广，同时凝聚着当时所处时代的技术，最终皇居旁大厦得以落成。正因为如此，皇居旁大厦至今仍是值得我们讨论的名建筑案例。

皇居旁大厦鸟瞰

[照片：三岛睿提供，1979年拍摄]

皇居旁大厦	层数	施工工期
所在地	地下6层，地上9层	1964年7月－1966年9月
东京都千代田区一桥1-1-1	设计	
建筑面积	日建设计工务	
11.97万平方米	施工者	
结构	大林组，竹中工务店JV	
钢架钢筋混凝土结构（SRC结构）		

第一章
［整合］

大阪世界博览会·富士集团展示馆

1970 | Expo'70 Fuji Group Pavillion

已拆 | 设计：村田丰建筑设计事务所，大成建设

02

富士集团展示馆的入口外部

［照片，资料提供：除特殊标记外均由川口卫结构设计事务所提供］

空 气 决 定 形 态

水来守护安全

富士集团展示馆的全景。巧妙运用合理的算法（algorithm）和空气打造出的外观形态。设计者村田丰的长女、迹见学园女子大学的教授反复强调其父在世时曾说过“空气决定形态”这样的言论。村田丰生于1917年，在坂仓准三建筑研究所工作后去巴黎留学，师从勒·柯布西耶。1958年回国后创立村田丰建筑设计事务所。他作为用空气膜结构建筑的第一人而闻名。1988年逝世。

山梨氏视角
YAMANASHI's EYE

建筑师村田丰对原理原则进行单独思考，建筑的形状根据原理原则并通过“空气”呈现。1970年大阪世博会富士集团展示馆是采用当今可以被称作“混合算法设计”的先驱性建筑物。而“水”正是保障这个具有划时代意义的空气膜结构建筑安全的细节。

历届世博会的历史与新建筑结构实验的历史有所重叠。1970年大阪世博会的“富士集团展示馆”就是空气膜结构构造的一次大飞跃。

从“美国馆”开始越来越多的空气膜结构建筑物登场了，“富士集团展示馆”就是其中之一[照片1，图1]。创作这个作品的正是建筑师村田丰和结构师川口卫。川口使这种建筑形态成为可能[照片2]。

[照片1]
看起来有些复杂的平面呈圆形

从上空看到的全景。
平面形状是圆形，它的周围由圆筒形空气膜管子包围着。

[图1]

二重膜使开放的内部空间成为可能

担当结构设计的是川口卫。空气膜结构可以分为一重膜结构（空气·圆顶）和二重膜结构（空气·拱），富士集团展示馆采用了后者。一重膜结构为了避免内部空间的压力比外部空间的压力大，被设计成封闭空间；二重膜结构可以设计出开放的内部空间。

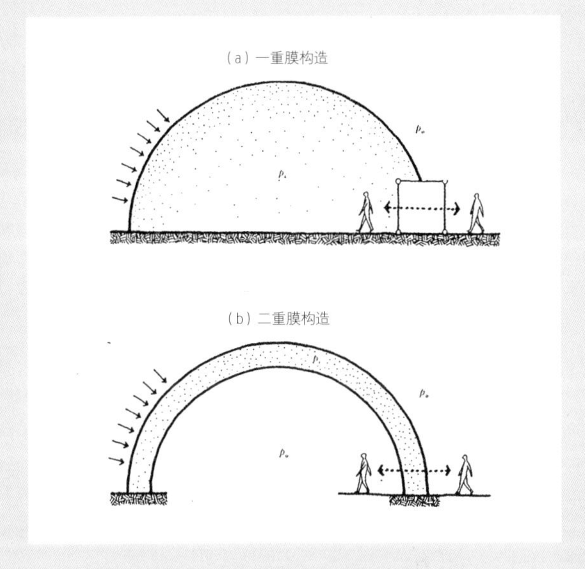

[照片 2]

结构设计者的个人授课

我曾听过川口卫授课。村田丰从“原理”着手设计，之后与结构设计师一起把它具体化。只有我一个人听到川口卫结构师的授课未免有点可惜了。

[照片：山梨知彦]

[图2]

水盘的存在不仅仅为了丰富景观

平面图。展示馆的平面为直径50米的圆形，周边布置了水盘，这并不是单纯为了修饰景观，这个细节是为了确保空气膜的安全性[图4]，这是一处出彩的设计。

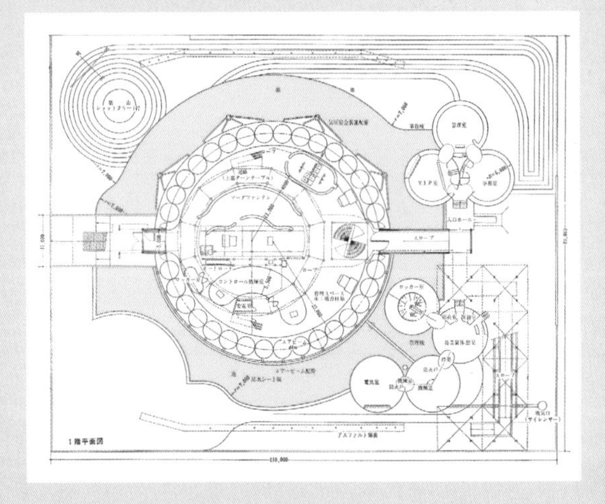

遵从原理，形态自现

与奇特出众的外观不同的是，项目平面只是简单的直径为50米的圆形［图2］。仅仅由16根空气膜的管子搭建出拱形。管子4米粗，长度是平面圆周长的1/2。管的中央部位呈现半圆的弧形，为了缩小跨度，管的两端尽量靠近并且产生自然的拱高。

同时管子间相互挤压，中间部分直立的管子越到两端越向外伸展，形成了蓬松的状态［图3，照片3、照片4］。遵循这样简单的原理，独特而复杂的形态诞生了。

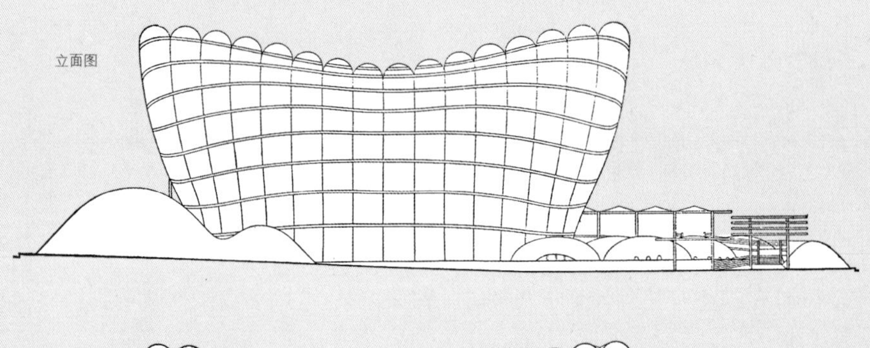

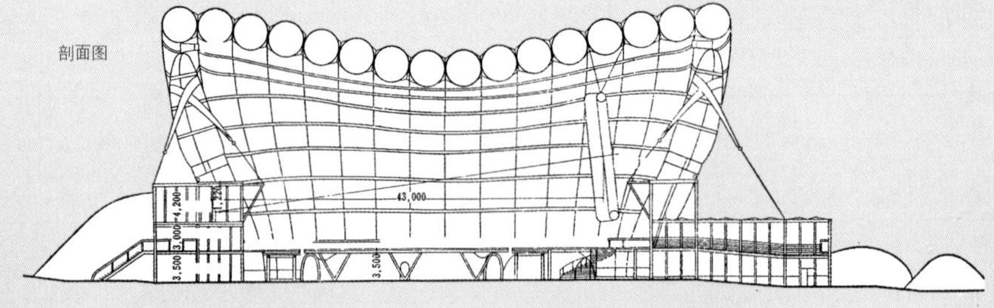

［图3］

利用空气制造出的形态

从侧面看的立面图和剖面图。上升到不同高度的拱形管子，越往外侧挤压越会产生变形，并且形成了一种很特别的形状。绝对是利用空气制造出来的形态。

[照片3]

气压升高后管子的状态

建设中的样子。内部的气压升高后将管子一根一根吊起来，

从建筑中间建起然后再搭建两侧，最后把每根管子用带子绑起来，工程就结束了。

——川口回过头来看这个建筑时回忆，“村田说过，他有这样的一个信念，就是关于建成的建筑，并不是先决定想要得到某种特定的形状。自己只考虑了造型的原理，遵循这个原理，自然会形成非常好的造型”。确实，这就是所谓的运算设计——建筑师提前设定好运算及处理顺序，形体是通过这个运算而得到的结果，并且这个形体往往会超出人所创造的范围——很多思想都是相通的。

[照片4] 用模型来做实验的样子

通过模型实验
来确认效果

利用“水”来预防膜结构爆裂引发的危险

当听到川口说，“水”是为了确保这个特殊构造的安全性而采取的一个小细节时，我震惊了。

为压缩空气而采用的膜结构形式，结构的内外空气的气压差是非常大的，在800毫米水柱到2000毫米水柱的压力之间来进行设定（根据天气变化而变化）。通常1标准大气压相当于10米高水柱的压力（10300毫米水柱）。这里设定的压力差是在结构体的内外形成0.8米水柱到2米水柱的压差。

因为是极其轻量的结构体，能预想到的最大危险就是管内的气压过高而使管子爆裂。为了防爆而设置的安全阀是非常出色的细节设计。

正如前面所说的气压原理，空气膜管子的末端设置了L形的管子，L形管子的另一端浸入了围绕展示馆的水盘当中[图4]。根据

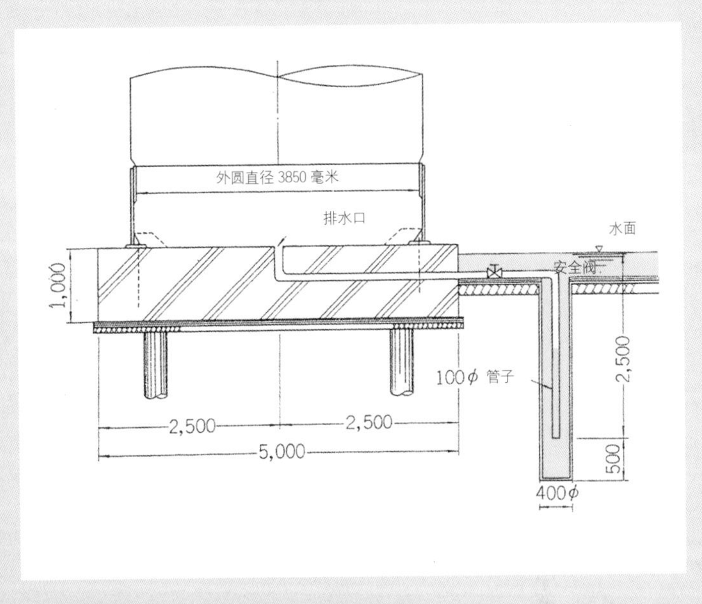

[图4]
运用L形管子和水使气压下降

安全阀的细部很适用U形管的原理，管子内部的压力差高的时候，管子爆裂之前，L形的折叠弯曲的管子里面的水会把空气排出，使气压下降。

管中压力差的大小，水柱会呈现出不同高度。

如果膜结构内外的压力差超过了2500毫米水柱，L形管内的水会排出从而减压。池子咕咕地冒出水泡，人们马上就可以看到这一危险状态。以如此统一的思想创作出细部以及整体造型，真的是极具独创性的一个作品。

富士集团展示馆

所在地
大阪府吹田市千里世博公园

建筑设计
村田丰建筑设计事务所
大成建设

构造设计
川口卫结构设计事务所

建筑施工
大成建设

占地面积
约2000平方米（直径50米的圆形）

高度
31米

结构
二重空气膜结构

竣工
1970年

Chapter 2

Principle

建筑需要能构成整体的原理。
与物理学不同，建筑的原理一定是包罗万象的。
适合极为有限、极为狭小范围的原理也很多，
但是，这些原理对特定的建筑师而言又没什么意义。
用原理去规范广阔世界中的建筑，恐怕也是行不通的，
无论使用范围多么狭窄的原理，对其入迷并追随的人也是存在的。
原理可以使建筑更富内涵，也正是名建筑所必须具备的条件之一。

虽然是小尺度，私人的空间却包含可以让多数人感觉到魅力的“原理”

第二章

[原理]

东京文化会馆

1961 | Tokyo Cultural Center

03

设计：前川国男建筑设计事务所

喜爱音乐的前川国男

采用大屋檐的真正意图

从上野站公园口看到的东京文化会馆。
人们从上野站公园口出站，会看到具有压迫感的大体量建筑东京文化会馆的屋檐，大屋檐下是宽敞的大堂，而屋檐上面的会议区却很少有人会注意到。

摄影：除特别标记外均由安川千秋提供

通往4层会议区的螺旋状楼梯。
提前预约的团体才能使用会议室。

山梨氏视角
YAMANASHI's EYE

在被称为"艺术之森"的上野，迎接往来人群的是东京文化会馆带有体量感的大屋檐。东京文化会馆开馆已经有50年之久，现在被称为"音乐的殿堂"，刚竣工的时候，因可以联想起柯布西耶的特色大屋檐造型遭到猛烈的批判。这个屋檐是爱好音乐的前川国男为满足多样而复杂的需求巧妙设计出的真正的音乐大厅。

前川国男是日本近代建筑的先导者，其巨匠的地位无法被动摇。只是通过普通的分析是无法捕捉作品真实含义的。作为音乐演出场馆的名作——东京文化会馆在竣工的时候，因为可以联想到前川的老师——勒·柯布西耶代表作的屋檐造型，而遭到非常猛烈的批判。

当然，前川早已经预想到了这样的批判，但是为什么还会采取那样的屋檐形态呢？

日本多功能厅的先驱

来看一下非常相似的昌迪加尔议会大厦的照片［照片1］，富有特征的屋檐却只是一个屋檐。与其相比较，东京文化会馆的屋檐上有广阔的供人们活动的区域并配置了会议室。但是，就算去参观东京文化会馆，人们也很难察觉屋檐上面被布置成了会议室。

在一层平面图［图1］中可以看到通向四层的会议室的入口被布置在十分难找的位置。作品发表的时候建筑杂志等媒体没有对

［照片1］
具有特色的"屋檐"

前川的老师勒·柯布西耶设计的"昌迪加尔议会大厦"（1962年竣工）。特色的屋檐和建筑本体分离开来，屋顶的功能被凸显出来。而不像东京文化会馆那样，在屋檐的上面又布置了其他的功能。

［照片：仓方俊辅］

[照片2]
初期音乐厅
专用的方案

东京文化会馆的初期方案的模型图。最初大音乐厅和小音乐厅以及这两厅的连接处都与休息厅相连。国立西洋美术馆(照片右上)和上野站公园口的关系被重新整理，后来前川以“河畔的步道”来命名，建筑的回廊也就形成了。

[照片：前川建筑设计事务所]

会议室层进行图片报道。好像是有意的在隐藏它的存在。

东京文化会馆并不是专门为演唱会准备的，而是作为举办国际会议以及表演歌剧的综合设施，后来被称为日本“多功能厅”的先驱。然而，当初在由“建筑准备组织”召开的“音乐中心设立大会”上确认了此场馆将以专门的音乐中心来设计建造[照片2]。显然随着时代的发展，歌剧演出和举办国际会议的功能需求日益提升；而另一方面用地面积缩小，各空间因繁杂的功能需求被束缚的聚集在一起，无法满足多种需求。

众所周知，前川国男是巴托克(译者注：Bartok Bela，匈牙利作曲家)忠实的音乐爱好者。针对这个项目，满足必要的多功能是建筑师的责任，然而从音乐爱好者个人的角度出发，前川想设计出十分纯粹的音乐空间，而这个想法与前者是相冲突的，所以前川在这样的痛苦中挣扎前进着。

[图1]

通向四层的动线与大厅分离

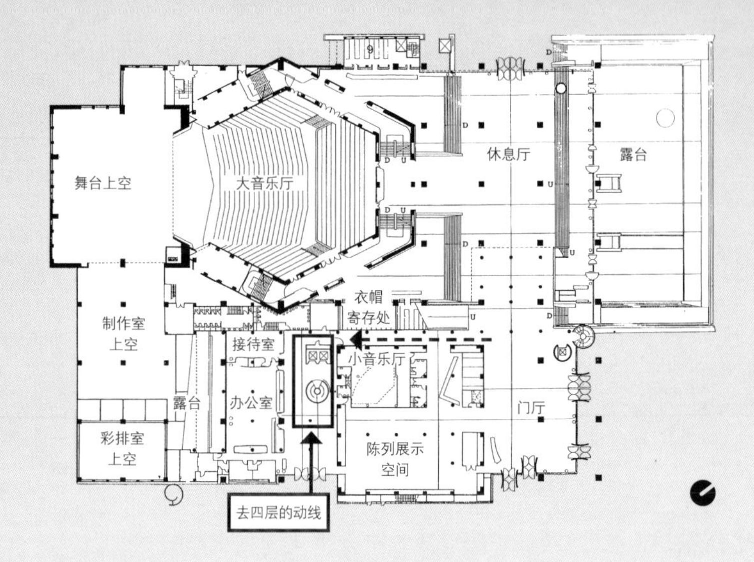

东京文化会馆一层平面图（竣工时）。去往四层会议区的电梯以及旋转楼梯远离休息厅，被布置在管理人员以及表演者使用的动线（舞台后台）的一侧。从大厅过来也有一条路线（箭头方向），只是现在不被使用了。

[图2]

在屋顶上布置的大小会议室

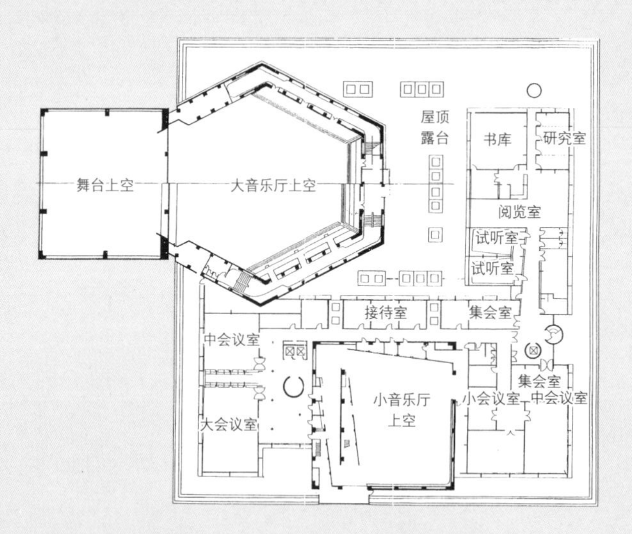

四层平面图。在屋顶上的人工地面，与国际会议相关联的设施被布置在这里。从大观众厅到屋顶露台是有动线的，但是现在已经不使用了。辅助音乐厅的后台设备集中分布在地下一层。

[照片3]

在地面上无法看到四层的会议室区域

A. 从西侧看四层的屋顶露台。为休息厅提供采光的屋顶天窗周边栽种了植物。B. 四层的中会议室。为了视野开阔，屋顶多处开口。C. 四层大会议室前面的休息区。D. 四层接待室的走廊。使用了两种颜色的瓷砖，巧妙细心的设计。

[照片4]
屋檐内侧的
休息区

四层室外空间的北侧。左边可以看到外观独特的屋檐的内侧。
这个区域被设计为屋顶广场,现在除了特殊情况已经不允许进入了。

利用屋檐体系进行层级构造

解决这个困难的方法就是利用一个大屋檐。通常建筑师在功能设计的时候用走廊来连接各处是普遍的做法，但是如果这样布置会使其陷入杂乱而又陈旧落后的复合设施的状态。针对这个情况前川用了富有奇思妙想的设计手法来解决，在建筑用地上用一个大屋檐遮盖，然后在屋顶上面设置人工地面，必需的功能通过立体的方式整合后再进行布置,可谓神来之笔[图2]。

屋顶上实现了举办国际会议的功能，下面作为音乐厅的纯粹空间也保留住了。现在层级构造也可称之为立体构成,也就是说,屋檐向空中卷曲而形成一个曲面，使得广阔的屋顶上面存在的各功能空间被隐藏了[照片3、照片4,图3]。

这样做的结果就是，屋檐之下只存在着纯粹的音乐空间及休息大厅。那个看似随意的大屋檐，事实上是前川根据建筑的平面和剖面仔细思考后最有说服力的抉择，是既实现了多种功能的需求,又创造出著名音乐厅的解决策略。

说起来，建筑师前川国男的人生其实是为了一场在社会和建筑之间的夹缝中立足而泯灭自身的战斗。在他的一生中，东京文化会馆是为数不多可以体现出他作为音乐爱好者而设计的建筑作品了。

[图3]

屋檐不可缺少的"填充涂黑的部分"

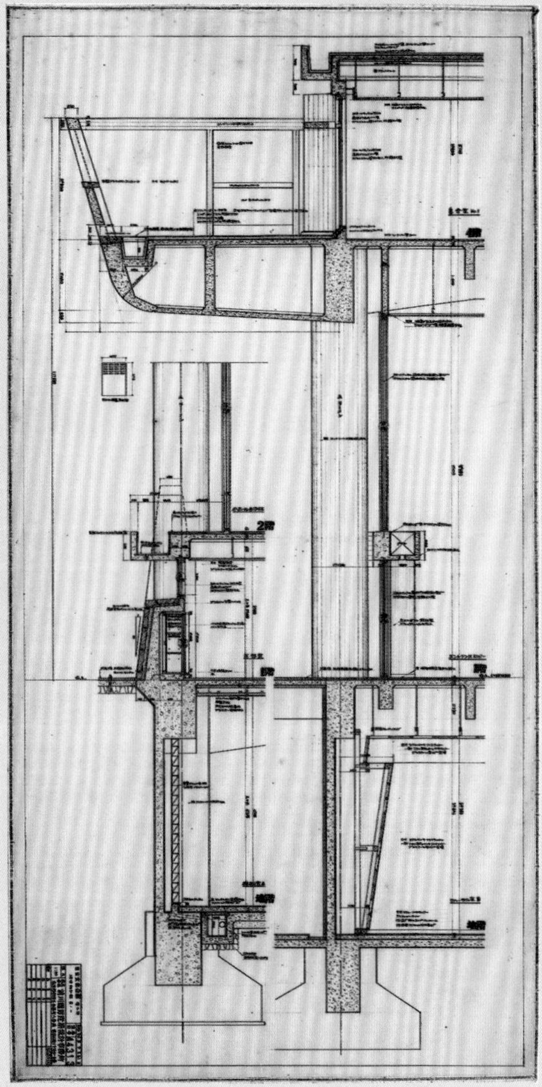

屋檐及周围的剖面图。柱、梁、天井等图面上涂黑的部分称作"poche（法语）",即"不可用的空间",前川认为近代建筑的设计趋势就是把"poche（不可用的空间）"进行最小化处理。东京文化会馆的硕大屋檐造型，正是被前川整合了国际会议场所与音乐厅的功能后不可缺少的"poche（不可用的空间）"。

［资料：前川建筑设计事务所］

东京文化会馆

所在地

东京都台东区上野公园5-45

建筑面积

2.89万平方米

结构

钢架钢筋混凝土结构（SRC结构）

层数

地下1层,地上4层

设计

前川国男建筑设计事务所

横山建筑结构设计事务所

施工者

清水建设

施工工期

1958年12月－1961年4月

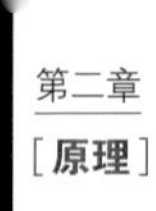

索尼大厦

1966 | Sony Building

设计：芦原义信建筑设计研究所

04

为什么旋转状也依然舒适？

通 过BIM来 解 读 其 先 进 性

索尼大厦的内部装饰与当初相比有了很大的变化，螺旋状空间楼层至今仍保留着。

[照片：除特殊标记外均由安川千秋提供]

山梨氏视角
YAMANASHI's EYE

位于东京银座商业区的索尼大厦是日本第一栋以打造“展示空间大厦”为目的而计划修建的大厦。楼内一层到七层全部是由螺旋状的台阶相连，50年后的今天看这个项目完全不觉得过时。设计难点在于连续空间内的空调系统布局后，运用BIM (Building Information Modeling，建筑信息模型）再次进行了验证。

古今东西，很多建筑都尝试运用螺旋状的空间将室外的活力引入建筑内部，比如古老一点的众人所知的会津“荣螺堂”。在繁华商业区银座的索尼大厦同样计划建一座内部呈螺旋状空间的七层大楼[照片1]。

索尼大厦地处银座商业区极佳的地理位置，却没成为一个以零售为主的商业店铺。索尼的气魄不是贩卖商品而是要销售被称作“品牌形象”的新价值，把原来的销售理念升华至全新的经营企划，在“全球第一（best in the world）”的理念引导下，日本第一栋以展示宣传为目的的大厦诞生了。

当时，索尼创始人，时任索尼董事长盛田昭夫向人们展示了以

[照片1]
把银座的热闹氛围引入大厦上层

左：竣工时的外观。以《街道的美学》而广为人知的芦原义信先生提出在最能形成商业收益的一楼拐角处大胆地设计出公共空间（索尼广场），并且利用立体步道把这里的热闹氛围引至大厦上层。
[照片：大桥富夫]
右：现在的外观。不再使用显像管给索尼的标识照明了，然而整体的印象没有改变。

SONY

[照片2]

引导人们上楼的螺旋状设计

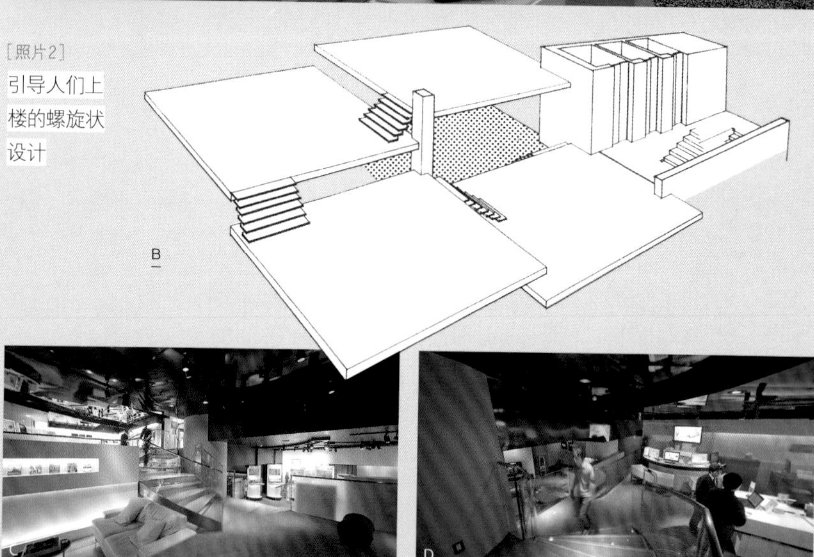

A. 还没竣工时的“立体步道”。高低错落的楼面由螺旋状坡面台阶连接起来，使得人们的视线一直保持连续。螺旋状的空间可以引导访客上楼和下楼。

[照片：大桥富夫，1966年5月拍摄]

B. “立体步道”的概念图。如“田”字一样四等分的楼面，以90厘米的高差呈螺旋状上下组合，再将一楼至七楼整个大楼的空间串联起来。电梯等其他大楼的公共设备被集中安置在楼层的南北侧。

[资料：芦原建筑设计研究所]

C、D. “立体步道”就算在50年后的今天来看，在每层间上下穿梭的感觉依然非常好。

[照片：安川千秋]

[照片3]
一楼成为知名的等候空间

竣工时的索尼大厦一层的入口大厅因成为人们会合的场所而变得很热闹。因为室外的冷空气很容易汇聚到这个区域而采用了地热设备。但是,为什么当时的建筑专业杂志都没有对于此处应用地热设备而进行报道呢?

[照片:大桥富夫]

螺旋状空间构成著称的弗兰克·赖特所设计的“古根海姆博物馆”为原型的设计理念。建筑师芦原义信利用90厘米高的螺旋状坡面台阶(立体步道)将约100平方米的楼面连接起来[照片2]。后来芦原义信整理出版的图书《街道的美学》,正是这样一部以城市街道布局理论为基础实践建筑创作的名作。

90厘米的高差可调控气流

实际建设时多种机械设备出现了问题。比较严重的问题是如何调节空间上下层之间的温度差。另外,作为连续空间的一部分,为了把外部都市的繁华引入室内,开放式的入口大厅是必要的[照片3]。正因如此,特别是冬天,出入大楼的宾客很容易打乱空间整体的气流平衡。

设计阶段制作了1/8的模型,在实际的热负荷下对空气流动进行了确认。其后又运用BIM对冬季温热环境再次进行了模拟试验,把气流状况又检验了一番。

竣工时各层设置了8台风机盘管机组,没有空调调节的情况下,上下温度差过于显著[图1左]。令人意外的是高差90厘米楼板能产生适当的空气阻力阻挡过强的上升气流。超乎预想的是楼板具有更易于控制楼内温热环境的作用。如果适当的控制空调,就可以营造出舒适的环境,同时也可以很好地调控空气的流通[图1右]。

[图1]

二层以上的各层通过调节空气来调节温度的可能性

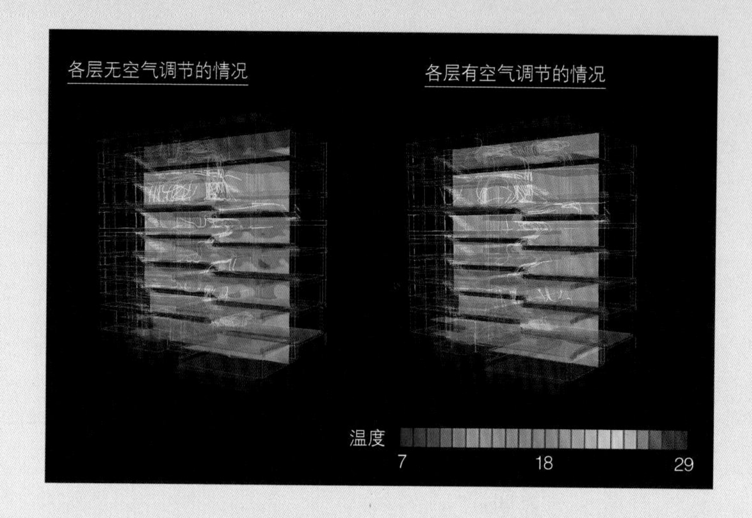

利用BIM模拟的冬季温热环境演示图。左图是索尼大厦在立体步道设计基础上无空气调节情况下的演示图。外部空间空气进入一层的时候是5度，最上层却变成30度左右，连续空间的空气调节是十分困难的。右图是各层空间适当地进行了空气调节后温度的状况。因为高差90厘米的螺旋状空间有适度的空气阻力，所以二层以上只需比较简易的控制就能形成相似的温度。但是，户外空气进入后只用空气调节无法顺利地对一层温度进行控制。

[建筑逆向工程系统合作：日建设计环境设备技术部永濑修，同数字设计工作室中曾万里惠]

[图3]

利用地热设备可以提升舒适度

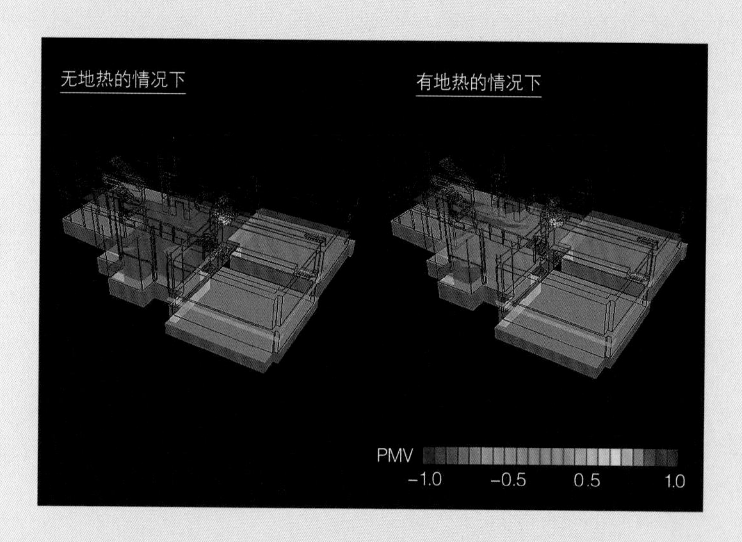

根据BIM生成的冬季PMV评估图(PMV是气温、湿度、气流、热辐射、代谢量、穿衣服量的冷温感指标)。一楼门厅没有地热(左)的状态与装有地热(右)的状态下舒适性的比较。从气温这个指标来看，与图1比较有相当大的差别，从舒适性的指标来看，地热为改善环境做出非常大的贡献。

一层的地热系统提升了人们的舒适感

然而在螺旋状台阶步道的设计下，冷空气进入一层后会破坏室内的温热环境。事实上，索尼大厦的一层采用了地热系统［图2］。学生时代的我曾在冬季触碰过这个地面，所以在那时就知道了此处是设置了地热的。

在建筑信息模型（BIM）里添加了地热系统，并尝试用PMV进行评估（人的舒适度的评估），结果显示，就算把门厅都打开舒适度依旧显著提升［图3］。就算严冬期也丝毫不受影响，人们约会见面，空间所呈现出的热闹场景正是建筑师的美学与工程技术高水准融合而产生的结果。

索尼大厦在1992年根据芦原建筑设计研究所的设计进行了大规模的改建［照片4］。改建时，因为提高了门厅的密闭度，现在地暖系统已经停止使用。

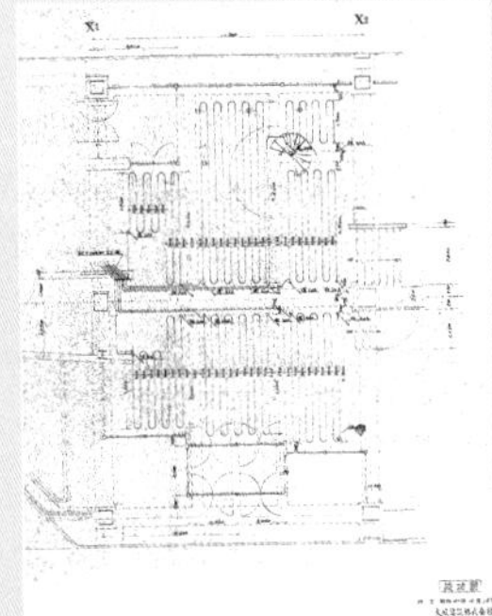
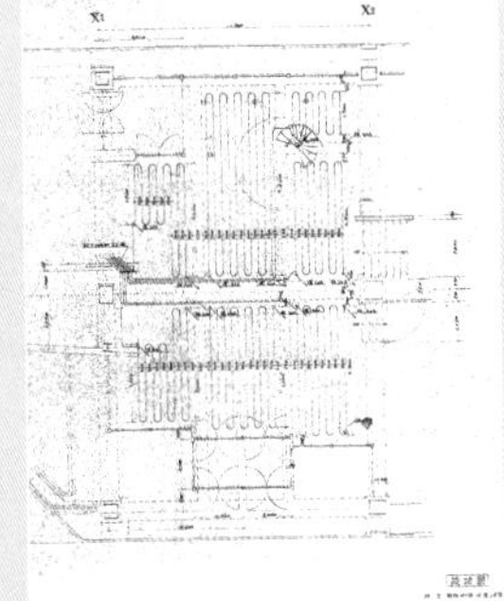

［图2］

一层采用了地热设备

在芦原建筑设计研究所的协助下找到的一层暗线供暖系统平面图。

［资料：芦原建筑设计研究所］

［照片4］

现在不再采用地热设备

一层入口大厅的现状 。1992年改建时增加了很多墙壁，比当初提高了很大密闭度，所以停止了地暖设备的使用。

［照片：安川千秋］

索尼大厦

所在地	东京都中央区银座5-3-1
建筑面积	8811.64平方米
结构	钢结构（地上部分）
设计	芦原义信建筑设计事务所 织本匠结构设计事务所（结构） 建筑设备设计研究所（设备）
施工者	大成建设
施工工期	1964年6月－1966年4月

第二章
[原理]

我之家

1954 | Seike House

05

清家清自宅 | 设计：清家清

“适可而止是恰到好处”

庭院与建筑变得不可分，并且产生了无外观的“居住系统”。构成这个系统的是，从基准地面抬升15厘米设定为内部地面，以及连接内外的错落的不规则石砖，之后是门窗框等各种“铺设”。

[照片：牧直视]

好处”的真正意义

山梨氏视角

YAMANASHI's EYE

清家清的自宅以彻底的"一居室"以及可移动的榻榻米的铺设而出名。但是如果看完成后的增建改建项目，建筑本身没有拘泥于"形"。 建筑的本质是与家庭核心的生活方式相适应的,清家清自宅是弹性的居住空间并符合"舒畅体系的设计"。

清家清发现了小住宅的可能性，是所谓的明确方向性的住宅作家型建筑师。从处女作“森博士的家”（1951年）到“我之家”（1954年）[照片1]连续3年的作品冲击了建筑界半个世纪，其影响甚至到现在还依然鲜明。

其中“我之家”打破了迄今为止深固难徙的大家庭主义的住宅构成，尖锐的提出核心家庭在城市居住的新的生活方式（modern living），此理念被赋予为先锋派艺术。

[照片1]
一目了然的
一居室空间

“我之家”的书架周围布置情况。装在其中的东西一目了然，清家清却丝毫不在意。如果打开右侧的大拉门，内外便成为一体。

[照片：牧直视]

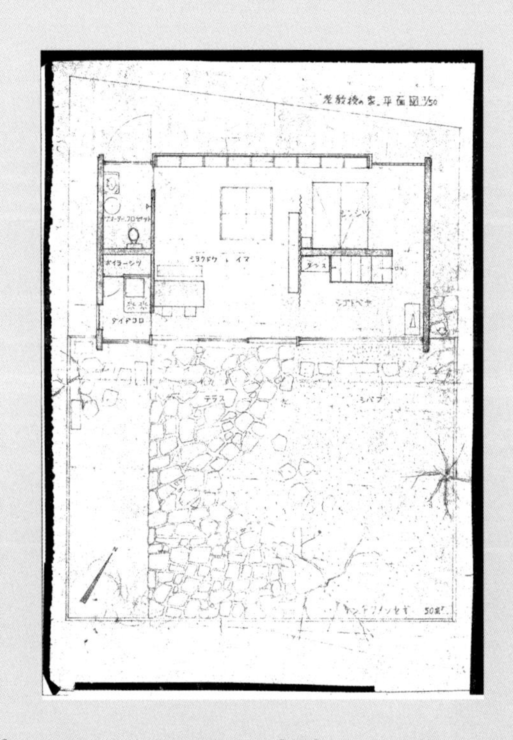

[图1]
被父母拒绝入
住的一居室

“我之家”的平面图。原本是作为父母的房间而设计的，却被其拒绝入住，据说清家清最后才决定自己居住。

[以下的资料、照片：除特殊标记外均由设计体系提供]

彻底的一居室空间

我们看平面图[图1]就会明白，这栋住宅作为核心家庭而生活的场所，被彻底一居室化。如果打开大拉门的话，这个一居室将直接和院子连接起来。

这栋住宅的中庭是从这一居室的室内而延展出来的一部分，所以是没有所谓的“外观”的（48页的照片）。“建筑用地—外观—各个房间”这样的旧式带有高差的构成方式完全消失了，取而代之的是“建筑用地即是一居室”这样的新构成方式。

运用“铺设（使用一些小家具和物件可以组成各种不同功能的空间）”这样的理念进行设计，就连榻榻米都变成可移动的室内装饰[照片2]。与庭院连接的一居室以及可以变化的铺设，形成了新的“居住体系”。

多次增建与改建

竣工以后，为了适应生活的需求以及时代的变化，清家清利用诸多附加物并做出了许多改变，这个无外观的新住宅，宽容地接纳了一切，实现了转变。

项目陆续增建了被称作“续我之家”和“子之家”的两栋建筑，并

[照片2]
可以移动到屋外的榻榻米

代表我之家“铺设”理念的可移动榻榻米。室内外高差很小，所以很容易就可以拿到室外。

[照片3]
增加的建筑包围出一个庭院

右边是"我之家"（1954年）。右侧的里面是"续我之家"（1970年），左边是"子之家"（1989年）。

[照片：齐部功]

且利用了集装箱，就连火车等车辆元素也被添加进来，最终换了新貌，成了被称作"我之家综合体"的复合体建筑[照片3~照片5，图2]。

对于这一复合体主要的印象是，与中庭为一体的"我之家"中的一居室负担着重要的作用，就如同"通奏低音"（basso contiuo）那样在综合全体性质中起了关键的作用。

体系比起造型更重要

看看竣工之后的变化，可以得知清家先生在尝试设计这个复合体时，并没有考虑到去设计住宅的"形"。唯有接受了变化才能洞察到新时代的现代生活的本质，"体系的设计"正是为了表现

[照片4]
建筑师晚年在增建的建筑里生活

晚年的清家先生在他1970年完成的"续我之家"中生活。图中坐着的就是生前的清家先生。

[照片：齐部功]

[照片5]

建筑上部增加了集装箱

“我之家”的二层安装了集装箱作为书房与储物空间，也是连接“续我之家”的过廊部分。

[照片：齐部功]

[图2]

增建后的布局

☐ 我之家（1954年）

☐ 续我之家（1970年）

☐ 子之家（1989年）

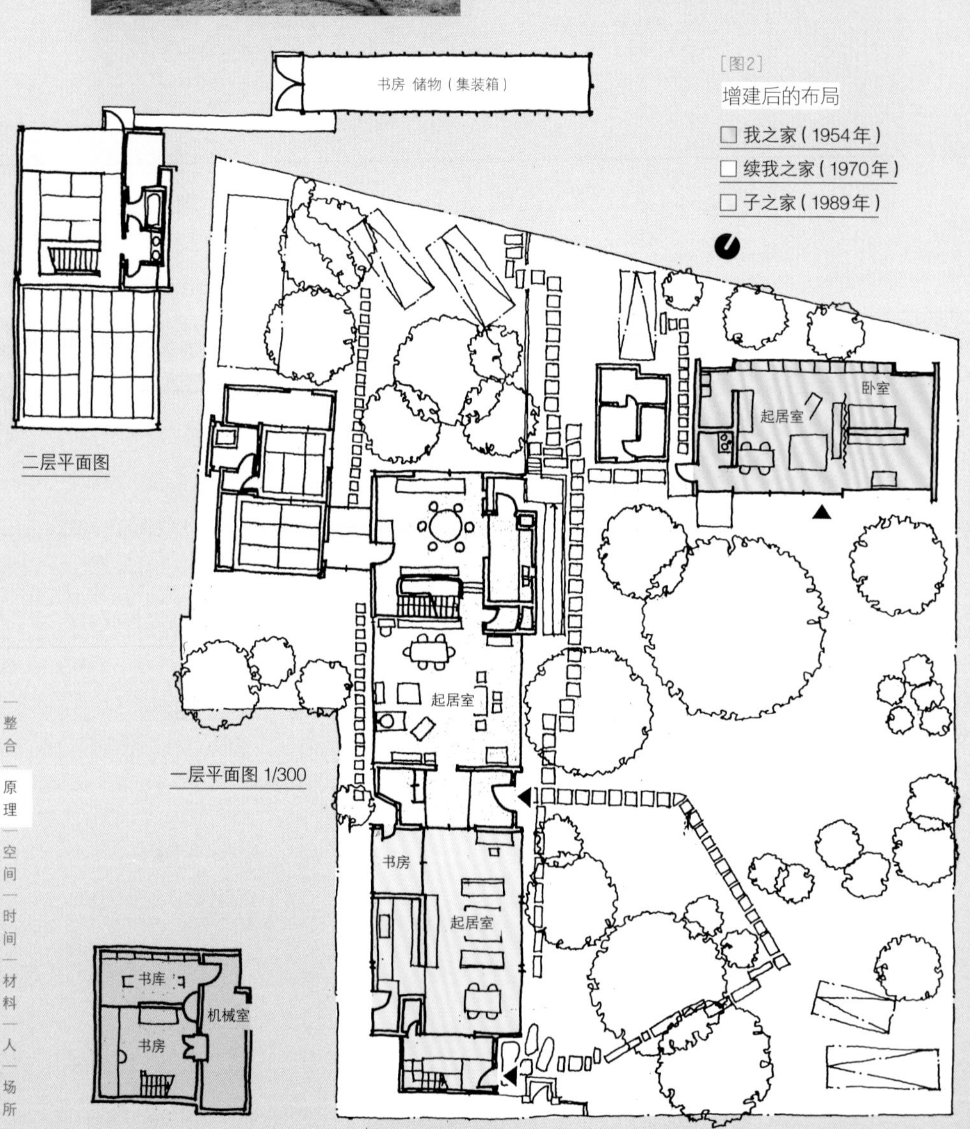

[资料：日经建筑1997年5月5日的连载]

接受那些变化。也许这曾经作为清家先生的目标吧。

针对“为了接纳那些变化”而进行的平缓体系的设计，体现在铺设的理念、庭院与“我之家”连续中庭的形式等方面。对于这个体系，清家先生自己创作了一种说明方式——“适可而止是恰到好处”，这个形容恰如其分。

1950年代初清家先生设计的时候，已经引用了《方丈记》：建筑设计规划做得太过，以及以固定的程式做建筑会使使用者带有警惕性。不做太多的东西是清家式的幽默，转化为他自己的理念，即“适可而止是恰到好处”。听到后很震惊吧，事实上，关注人的活动，让建筑接纳变化，也许正表现出了清家式设计精髓[照片6]。

与以应对变化为基础的新陈代谢派相比，清家先生所展示的却是尝试“通过平缓的体系来接受变化”，这一理念对于现代的参数化设计（为了达到某种目的而先设定处理顺序，从而引导出形态的方法）同样适用。在我看来，此作品是时至今日依然值得注目的名作。

[照片6]
建筑理念与为人幽默的相似点

通过清家先生生前的照片可以看出他十分爱笑(照片右侧)。“清家清”这个名字本身就是拥有大智慧的意思。据说是其母亲取的名字。清家先生自身更是以拥有机智的口才而出名，细想一下，“玩笑”也是一度拆解了既成语言的连接，再与新的体系拴在一起产生新的表达意思的方式。这样看来，这与清家先生的设计手法颇为类似。

我之家

所在地
东京都

设计
清家清

用地面积
182平方米

建筑占地面积
50平方米

使用面积
70平方米

施工
冈岩治

竣工
1954年

第二章
[原理]

群马县立近代美术馆

1974 | Museum of Modern Art, Gunma

设计：矶崎新工作室+环境计划

06

通过分析图

从“群马森林公园”入口一侧（西南角度）来看的外观。建筑整体都被立方体和正方形的模块填满。在观察者看来是不完全的部分，这些元素集聚在头脑中重新构建后合成一个整体印象。

[照片：除特殊标记外均由日经建筑提供]

引 导 全 体 形 态

山梨氏视角
YAMANASHI's EYE

实际上，通过一个角度就能被很好把握的建筑是十分稀少的。大多数建筑需要人们在观看后，把各角度搜集到的碎片化信息重新整合，才能对建筑整体形象进行认知。这些在头脑中重新整合的过程正是1960年代到1970年代矶崎新所关注的东西。重新整合的过程正是在积极的对设计进行重复，这其中的关键就是"分析图"。

如果说日本现代建筑设计的方向是由矶崎新奠定的，是一点都不言过的。

在矶崎新初为建筑师的20世纪60年代里，雕塑般的大分县立图书馆（现艺术广场）[照片1]以及被誉为后现代建筑顶点的1983年筑波中心大厦[照片2]的完成，都展示了日本建筑设计知性的一面，或者说运用"建筑的语言"把日本的建筑设计推到了世界的顶级水平。

特别在20世纪70年代，他设计的北九州市立美术馆、北九州市立中央图书馆、失野邸、群马县立近代美术馆连续不断的竞相发表，并出版发行《建筑的解体》。那个时期，与建筑有关的人

[照片1]

带有体量感的雕塑般的表现

20世纪60年代大分县立图书馆（现艺术广场）使用了立体几何学，全部的体量都是一体化粗犷的表现。之后，理论、分析图和实际建筑三者相辅相成，引领了日本的建筑界。

[照片：细谷阳二郎]

[照片2]

充满了历史元素的筑波中心

筑波中心大厦的广场，运用了如罗马坎皮多里奥广场的黑白反转的效果，与特定的历史意义强烈的连接在一起，形成建筑的元素，并在不同的文脉中再构成，制造带有多重意义的分歧与冲突。

[照片：矶达雄]

几乎人手一本《建筑的解体》,可以说受到了十分广泛的影响。那个时期的作品，也同样利用几何学形态，并且尝试着解体已形成的概念。这里的“解体”是指把已掌握的建筑形状与意义之间的关系完全切断，并以在观察者的头脑中再构造出一个新的形象为目的。

群马县立近代美术馆，在建筑上反复使用立方体与正方体构成的形式，正是以复杂的功能为论据来解决了这个课题。这绝对不是屈于功能的“大楼”，而是作为前卫的“建筑”升华为划时代的巨作［照片3］。

意义重大的概念分析图

现代建筑是由柱、梁构成的骨架，日本的木造建筑中的“格子”既作为骨架又是模数制的体现，矶崎新将其顺利的转移到现代建筑中并取得成功。另一方面，随着模数化设计的推进，建筑的形态自然的被赋予了特定的意义，对新的构筑意义的关心反而变淡了。

［照片3］
始终被重复使用的正方形

群马县立近代美术馆的入口大厅，玻璃对面可以看到建筑的西侧。室内的地板、墙壁始终使用正方形格子。

[图1]

立体格子的线条

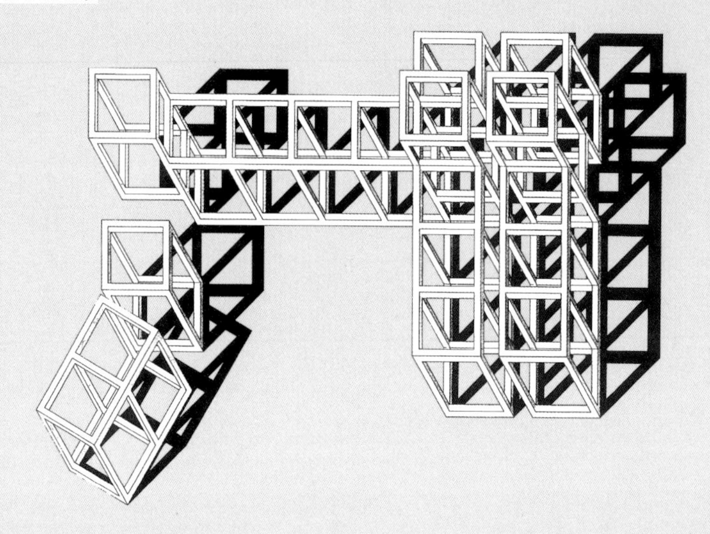

分析图展示整体构成概念的线条。观摩实际建筑时可能看不出这种结构，通过这个示意图可以看出，建筑是由边长12米格子构成的便在脑海中形成了印象。

[资料：本跨页的4幅图均由Arata Isozaki & Associates矶崎新工作室提供]

[图2]

通过示意图来引导很难用眼睛分辨的部分

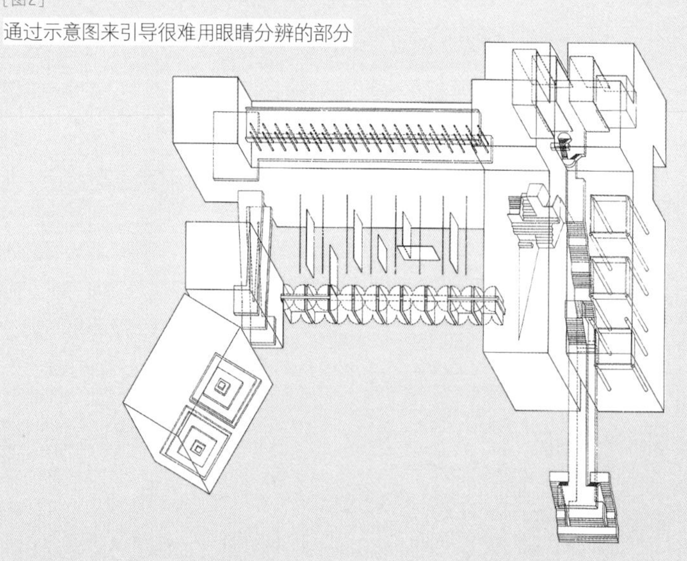

空间构成示意图。通常，线条是示意建筑物的实际形态的，在这里，用线条描绘了在实体中很难分辨的部分，并引导其在脑海中形成印象。

[图3]
22.5度的倾斜使人可以感知到正方形

通过南侧看立方体构架图。西侧（左）的22.5度的倾斜产生出两个立方体，这样的处理方式可以使人们很容易感知到建筑物是由正方体（格子）组成的。分析图和实际建筑的连接成为了更好解读建筑的关键。

[图4]
效果图对实际建筑的建成产生了重要的影响

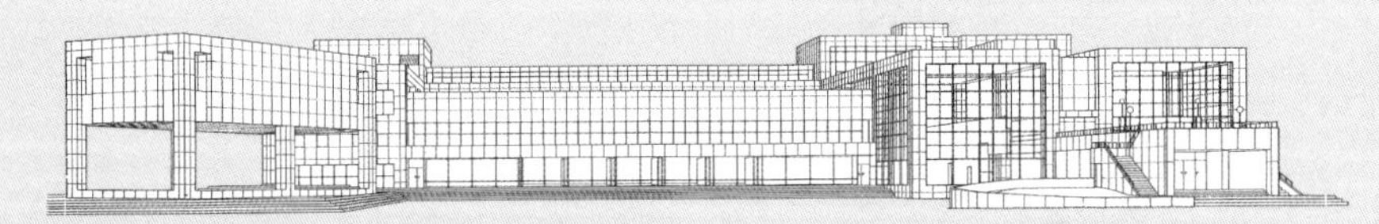

南侧的效果图。这个图通常是把实际的状态描绘出来，但是矶崎新却把这个效果图抽象化了。这并不只局限在现代。例如，帕拉第奥（1500年代的意大利的建筑师）用画板描绘出理想形态并超出实际的建筑，并在世界范围内产生了广泛影响。

在这样的情况下，矶崎新将建筑处理成了比梁和柱更加抽象化的立方体，再细分的话是正方体构成了整体，并把日本现代建筑的理想状态进行解体，促进了对建筑意义的关注。

由于梁和柱在力学上的性质是不一样的，理想的立方体与现实之间还是存有差距的。此外，因为梁和柱构成的立方体骨架都被隐藏在完成项目中，所以在实际建筑中最多只能感觉这里有个角。并且，由于大型建筑是很难一眼望过去就可以把握住整体的，所以建筑本身是由立方体构成的，是不容易被参观者感知的。

然而，在这一点上矶崎新却准备的十分充分。在媒体报道的时候添加了立体骨架的演示图（分析图）[图1~图4]，看到分析图的瞬间，观众可以意识到现实的建筑是由正方形的格子作为要素构成的，并且西侧的骨架以22.5度的角呈倾斜状，每个格子均由12米的立方体构成。由分析图进行说明，可以在人们脑海中

留下十分强烈的印象，正因如此一个建筑的形象就这样被认知了。[照片4]

30年后矶崎新的改修

当然，超级工作室（意大利超前建筑团体）以及纽约五人组（美国的现代主义建筑师组合）等同时代的建筑师们尝试使用立方体的形式，不能说与此建筑无关。但是，这个建筑不仅仅是实现大尺度，同时解体了被理想化的日本现代建筑，并把这种现实与理想之间的分歧用立方体（格子）来表达。另一方面，由于十分成功的通过分析图的提示，在人们头脑中形成强烈而深刻的

[照片5]
可以联想到圆形的山手线

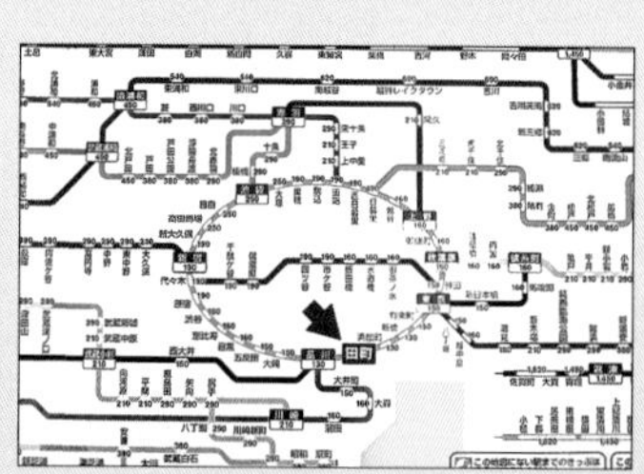

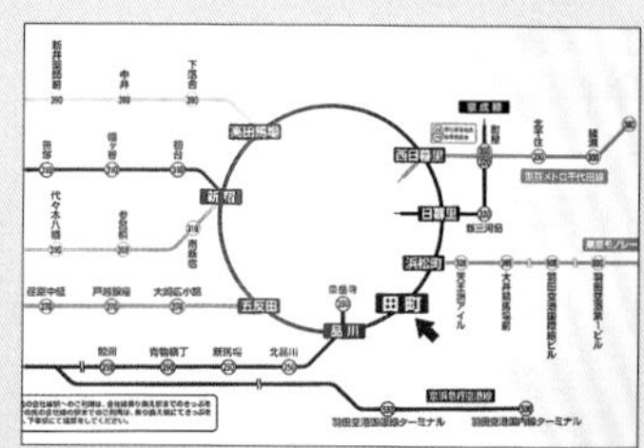

山手线的路线图。山手线的路线形状其实是像鞋底一样的不规则形状。而在路线导游图或线路价位图表上，山手线被直接定义为圆形或椭圆形，从而让乘客对其线路便于记忆。在现实基础上整理出的新形态被称之为“意象图”。在美国城市规划师凯文·林奇的《城市意象》之后，人们对空间有了新的认识，“意象”具有超于实际之上的更广泛的意义，并且被更多人理解。

[照片4]
被树覆盖的立方体
实际的南侧外观。周边覆盖了树木，从现今的外观来看很难再联想到立方体了。

印象并以此描绘出建筑的整体[照片5]。这便是这个建筑可以成为名建筑的理由吧。

在这个建筑开馆大约30年后，矶崎新针对其补强耐震系统进行大规模的改建，并在2008年春天重新开业。如同生长成荫的大树一般，作为建筑主干的最初的连续立方体形态已经很难找到。不过，第一展览室的格子状顶棚变成了灯光顶棚，与之前相比，室内的格子状的感觉反而增强了[照片6]。

[照片6]
改建后增加的正方形
重新开业（2008年）后的第一展览室。顶棚变成了由岩棉板制成的格子形的光顶棚。第二展览室去掉顶棚变成了吹拔的挑空空间，从最高的天窗上获取自然光的状态形成了。包含增强耐震系统的改建设计，都由矶崎新工作室担当。

群马县立近代美术馆

所在地
群马县高崎市绵贯町992-1
用地面积
25.8689万平方米
使用面积
7976平方米
构造
钢筋混凝土结构
层数
地上2层/部分3层
施工工期
1972年10月－1974年3月
设计者
矶崎新工作室＋环境计划
施工者
井上工业

第二章
[原理]

原 邸

1974 | Hara House

07

设计：原广司 + Atelier Phi 建筑研究所

将 外 部 引 入

从室内中央的“谷”的地方看向入口处。从棚顶照明泻下的光打在亚克力制的1/4的圆弧以及白色墙壁上，通过反射使内部变得十分明亮。

[照片：大桥富夫]

甜甜圈样式

山梨氏视角

YAMANASHI's EYE

虽然是以营造空间为目标，但是只单纯打造形体的建筑还是有很多的。原广司初期的代表作“原邸”提出“有孔体”的概念，创造带有新的内外空间连接的建筑形态，并因此成为名建筑。这个理论的提出对现今数字化设计的盛行也是具有巨大意义的。

数字化建筑设计的国际地位一直在提升，这个趋势通过扎哈·哈迪德提出的新国立竞技场方案就可以很好地看出。

建筑师不是直接勾勒“形体”，而是在考虑了各种影响因素，通过参数化分析后才“提取”形体的要素。也就是说，这里所涉及的要素，都是由参数化编程（为达成目的的处理手段）来决定的。运用计算机编程制造出的复杂形体正是“参数化设计”的体现，也是世界建筑师共同关注的事情。

值得一提的是，作为建筑最直观的“形”被当成“容器”时会止于极为现实的阶段。如果说为了营造人的行为关系而派生出“空间”，那么今后不是单纯探讨“形”本身，对于如何生成“形”，对

［图1］

作为住宅让人意想不到的复杂轴测图

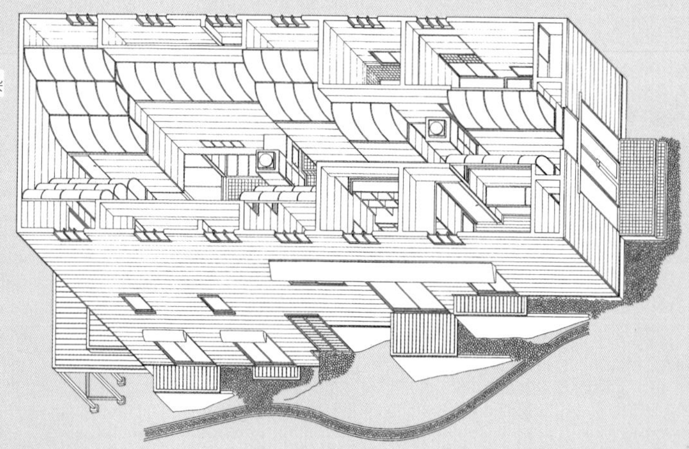

从外部观看的轴测图，也成为中央之谷（埋藏的都市）的最适合的一张图。

［资料：除特殊标记外均由Atelier Phi提供］

[照片1]
被树木覆盖而隐退的外观

左边是1974年竣工的主体部分，右边为增建部分。建筑用地满覆着树木，在树的遮挡下无法看到建筑整体面貌。也正因此更戏剧性的让内部空间得以展现。原先生此后设计的很多建筑也都表现出独立而又意味深远的外观。

于“空间”算法的探讨也变得十分必要。

昏暗的周边环境与建筑内部的反差

在那个时代，可以感受到原广司用数字模型对空间进行捕捉，同样也启发了此后数字设计的方向性。

原邸（自宅）作为原先生初期的代表作,体现了“住宅是埋藏的都市”这一强烈的设计理念。其中，被称为“反射性住宅”所带有的强烈对称性，即使现在看来依然可以带来深刻的印象[图1]。另一方面，由于原先生所提出的“有孔体”理论比较不容易理解，这个理念反而被建筑师们反复解读并被赋予了各种各样的解说。

参观这栋住宅的时候我还是学生，这是25年前的事情了。在去参观的途中，透过郁郁葱葱的灌木丛，我隐约看到了使用常规材料所建成的建筑本体，多少带有一种躲闪的、隐藏的感觉[照片1]。

但当我进入建筑的瞬间，一切的感觉都变了。厅堂里从天棚泻下的光充盈着左右对称的纯白墙体，让人感觉似乎失去重力的空间就这样矗立在面前[照片2]。与建筑外部广袤的树木比较起来，这里是明亮的。就好像内部空间是反转了外部空间而存在着一般[照片3]。

通过图纸可以看出，原先生本人把中间的这个“谷”形容成住宅的核心空间，居室被布置在它相应的对称两端[图2、图3]。然而，实际置身“谷”中，在两侧居室间，周边本该存在却被遗忘的树木，使人们陷入被两侧白色球形拱顶不间断反射的光照里，这样的感受使人们忘却了外界。这个住宅把周边的城市空间统统引入其内部并隐藏起来，通过自身的感知就可以理解，这也是对那些令人费解的理论最好的解答方式。

被称为“有孔体”的演算法

看这栋住宅的时候，我的脑海中马上浮现出甜甜圈的形象。甜

[照片2]
通过两个天窗把光导入居室

从居室的角度来看。顶棚的光线透过乳白色亚克力的曲面天棚扩散开，并倾注到左右两边的居室中。与朝着对面林子开的窗中传来的光相比顶棚的光感觉更加明亮，中间的“谷”就好似外部空间一样被感知着。

[照片3]
左右对称是用来强调光和云的动态

向下看如台阶状的“谷”的部分。通过照片人们可以感受到强烈的对称感，感知到实际的日光移动以及云移动，并且通过自己视线的移动，可以更好地感知超越对称性的流动感和变化的空间。

甜圈（在数字设计中叫作环形）的外侧作为外观，中心部位很大的洞孔变成住宅中央的“谷”。构成住宅的各个房间，正好对应甜甜圈的本体部分。作为中心部位拥有孔洞的环形，建筑外部被引入了内部，同时也产生了作为住宅成立的形式。

尽管在原先生的一系列的“反射性住宅”中，每个形状都有差

[图2]

意外狭小的“谷”

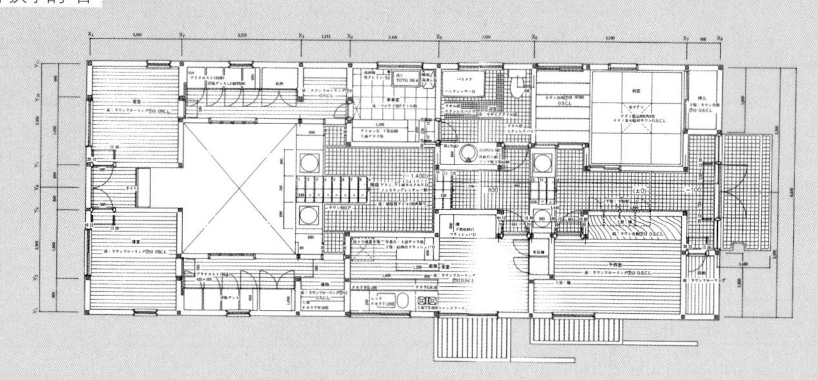

二层平面图。通过平面图来看，中央之谷出乎意料的狭小，左右的居室反而格外的宽阔。所以无论如何也没有牺牲便利性。即便如此，实际的站立在谷中，两边居室的存在感还是消失了。

[图3]

与建筑用地很好结合的下沉式“谷”

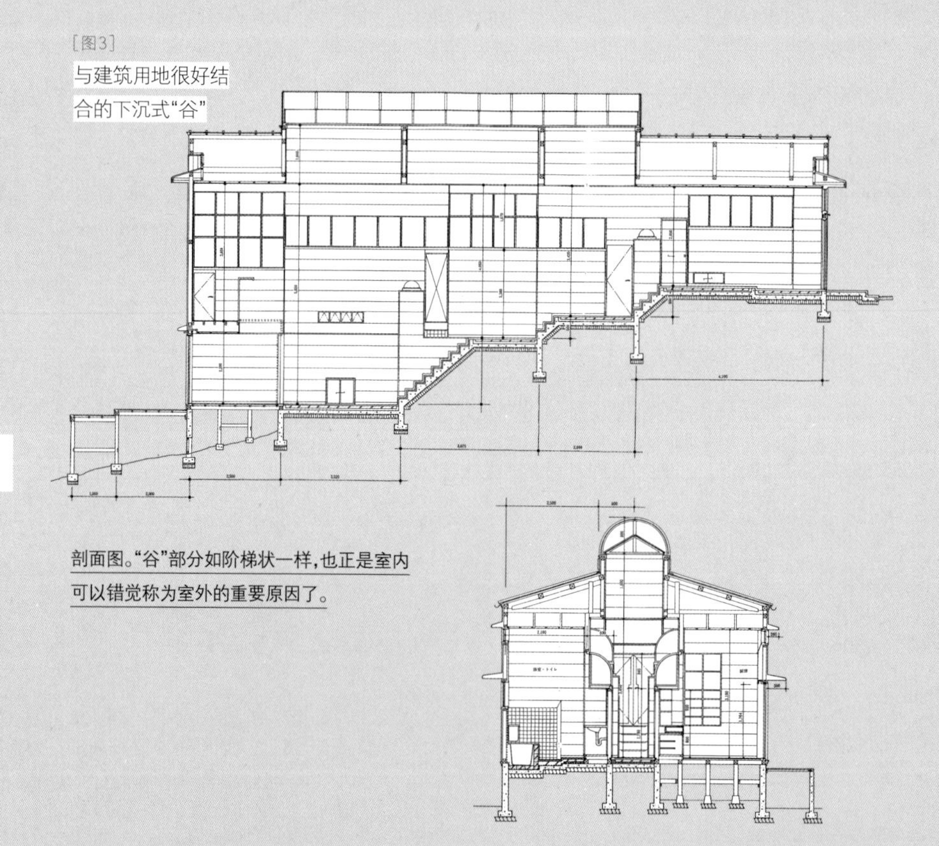

剖面图。“谷”部分如阶梯状一样，也正是室内可以错觉称为室外的重要原因了。

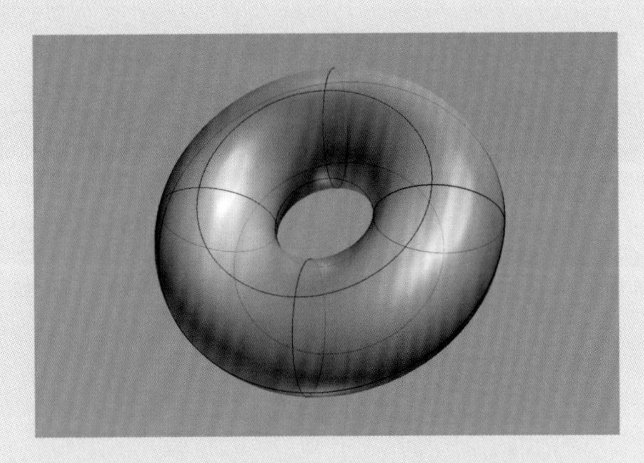

[图4]
原邸的"有孔体"的甜甜圈
笔者在25年前还是学生时造访了原邸，可以理解被称之为"有孔体"这一词汇并且从中联想出来的就是这个如甜甜圈般的形状了。住宅中间的"谷"，正是甜甜圈中间那个孔洞的形态变化，各居室就可以解释成甜甜圈的本体部分了，这样就能看出原邸的立体图了。[图片：山梨知彦]

别，这个甜甜圈是作为"有孔体"的基本算法，正可以用来解释作为用地条件或者家族形式不同的参数而生成的住宅[图4]。

日本建筑在古代的时候就有"外廊"，是建筑内外所缺少边界并以此来连接内外空间的一种形式。另外，现代建筑提倡的"底层架空"式抬起建筑，使建筑下部引入外部空间。在这个基础上难道"有孔体"不是将建筑的内部引入外部空间的新形式的提案吗？

因为涉及数字建模，今后，通过计算机的介入，新的城市及建筑的发展还存在多种可能性。不单纯在形式上，对于根本思想和算法，原邸对其后的建筑发展是带有普遍的影响意义的，所以说这正是名建筑应有的特色之一。

原邸

所在地
东京都町田市

构造
木结构2层建筑

竣工
1974年

设计者
原广司＋Atelier Phi建筑研究所

施工者
和田建筑
Atelier Phi

第二章

[原理]

住吉的长屋

1976 | Row House in Sumiyosh

设计：安藤忠雄建筑研究所

08

从“施工图”表

从起居室看中庭。对于住宅引入中庭的形式在历史上也多种多样，但是这个中庭的存在，却是对现代日本的城市居住状态的重新问询。

[照片资料：安藤忠雄建筑研究所]

现 出 的 气 息

山梨氏视角
YAMANASHI's EYE

在本书中，原则上只对亲眼所见的建筑进行讨论。但是住吉的长屋就算没能参观也可以确信这个住宅是名建筑。我们从实施的设计图上可以十分明显的读出“为了纯粹而壮丽的争斗”以及“就算在庞大的信息流中也可以突显出的强烈形式”。

没有接触过实际作品，就对建筑进行评论是不能被饶恕的吗？的确，从最初打算去参观，到感受着从各种媒体宣传上所无法领略的氛围，我可以确信有些建筑，即使没有亲自前往，也可以深信它们就是名建筑。“住吉的长屋”就是这样的建筑作品。

叩问住宅本质的中庭

确实，住宅与公共建筑不同，短时间的参观对设计的本质无法很好地理解。住吉的长屋也是一样，如果没经历过哪怕短暂几

[照片1]
与邻家建筑外观形成鲜明的对比

建设时的外观。替换了在中间三家连续的木制房屋。拥有强有力的表皮，女儿墙的高度特别注意了邻家的屋檐高度；混凝土的施工缝要考虑挑檐的高度来设定等，并且也可以看出建筑的形态是在要与街景融合的强烈意识表达下产生的。

[照片2]
可以产生想象的中庭

当时的中庭。就算只凭着这张照片，
人们通过中庭进行着怎样的生活场景都可以浮现出来。

天的停留，是无法理解真正的意义的。如果可以的话，很想到那儿去住一段。虽然我一直有这样的愿望，但是学生时代还是保持着每次都只在门前经过的状态，只是时间慢慢地流逝了。现今在建筑杂志或者作品集上正好看到这个名建筑作品，我备感惊喜[照片1]。

庭院被夹在主卧中间的分配是极为单纯的空间构成方式，也正是此住宅的特征[照片2]。即便如此，它确实是带有冲击力的。在这简单的几何形态中，我却能联想到多种多样的生活场景，而生活场景的复杂性却与空间的单纯性形成了对比。

在早晨醒来的时候，寝室可以保持原封不动，直接下楼去起居室吃早餐就好了。下雨的夜晚，撑着雨伞直接去浴室泡澡，这将是何种的风雅？夏季在周而复始的闷热中，庭院始终可以保持凉爽而舒适。

这种形态的空间构成，正是住宅的本质，就是要与生活紧密相关，就算在思考的过程中强烈的摇摆不定，也要重新问询我们自己——“生活是什么”“住宅到底应该是什么样的”。

[图1]

施工图所散发的气场

经常会听到这样的说法，CAD图纸无法让人们完全领略到建筑的魅力。我不会去考虑是CAD制图还是手绘制图的事情，而是通过图纸可以对空间进行思考。二维的图纸不是单一地记录了空间，是尝试把握空间的重要手段，这通过剖面图就可以很好的读取出来了。即便在BIM时代，作为尝试工具的二维图纸的作用仍是无法被取代的。

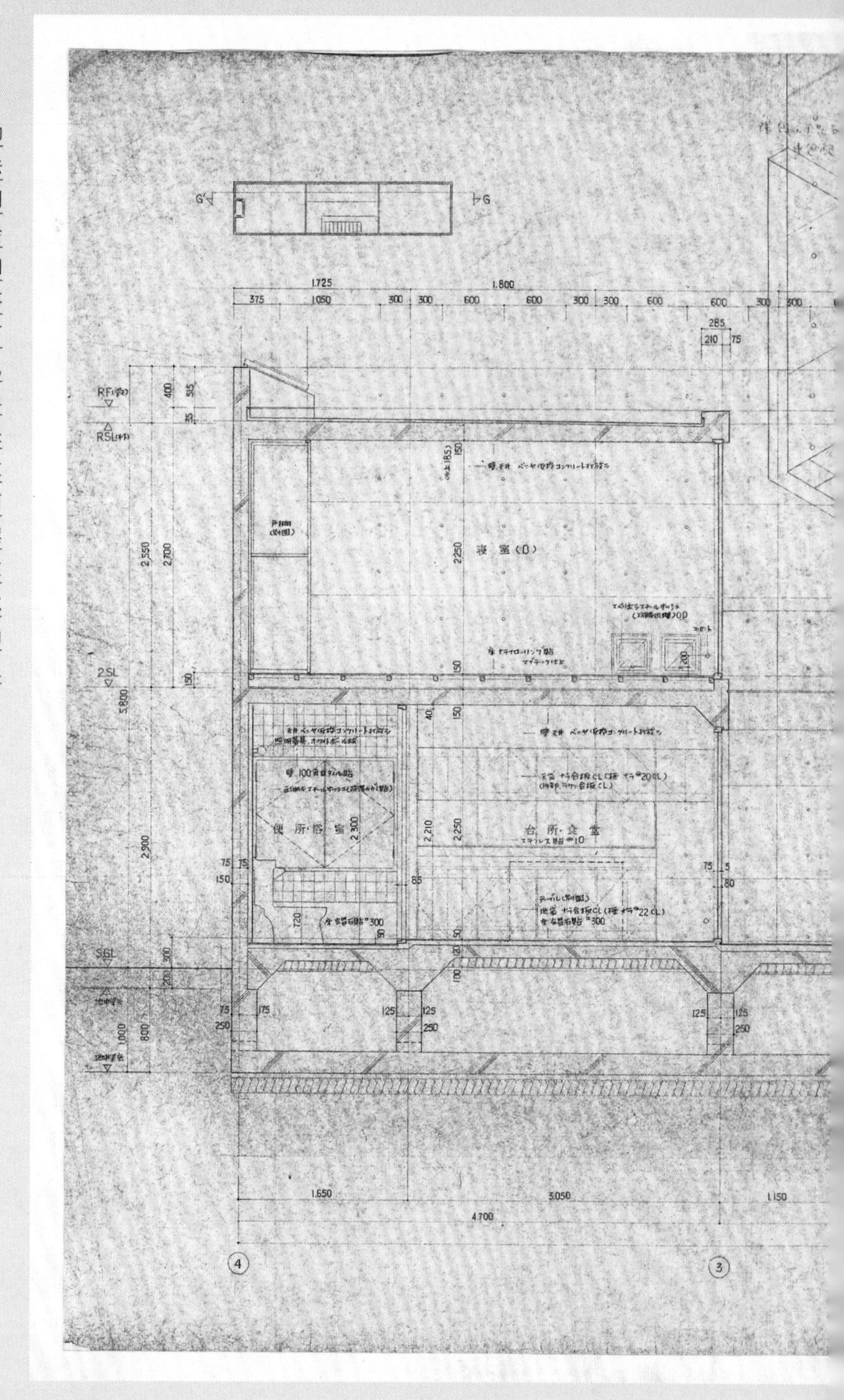

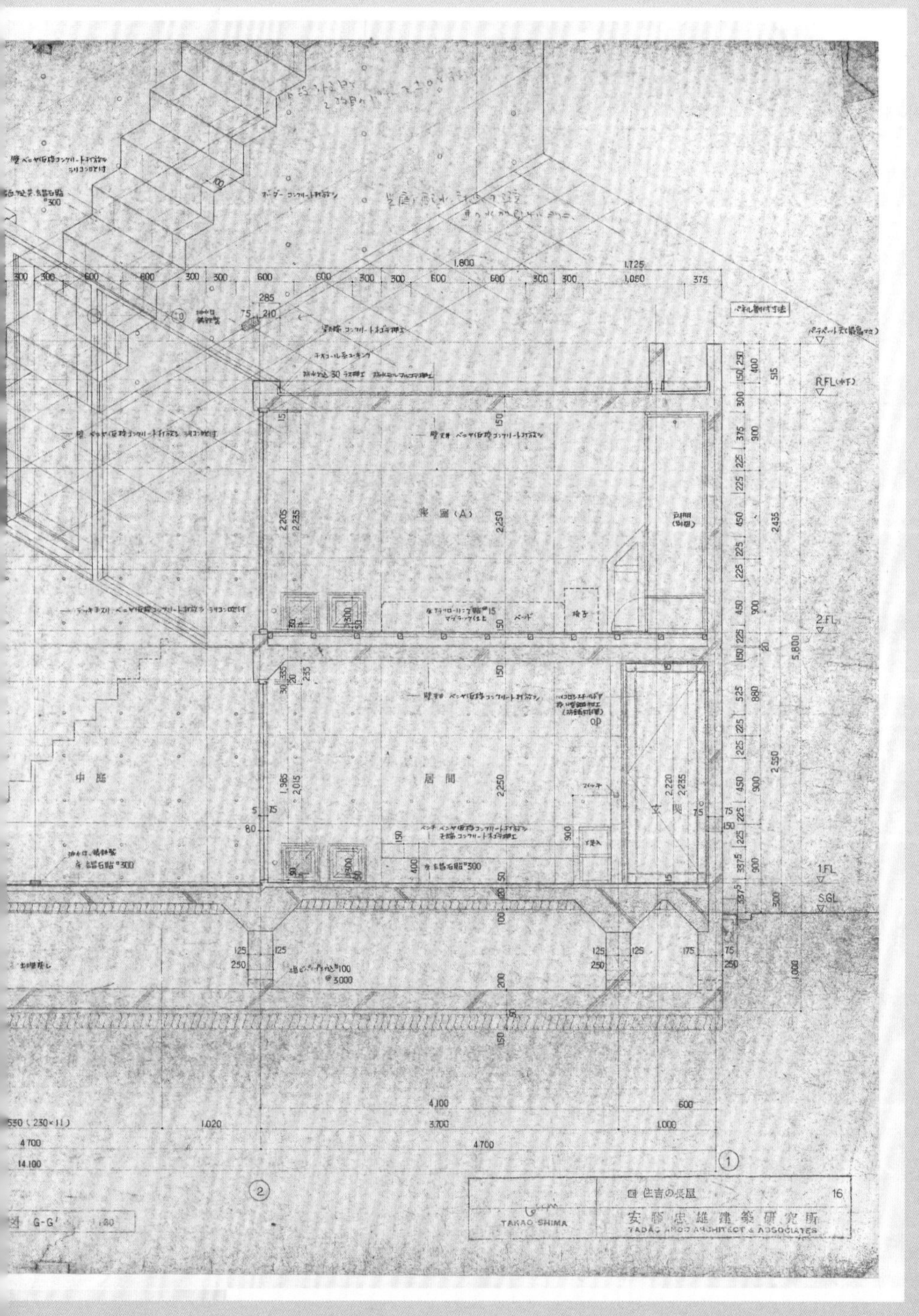

寝室(A)
居間
中庭
玄関
R.FL
2.FL
1.FL
S.GL
4,100
3,700
4,700
14,100
5,800
G-G'
住吉の長屋
16
TAKAO SHIMA
安藤忠雄建築研究所
TADAO ANDO ARCHITECT & ASSOCIATES

[图2]

施工图将施工用的巢管都绘入其中

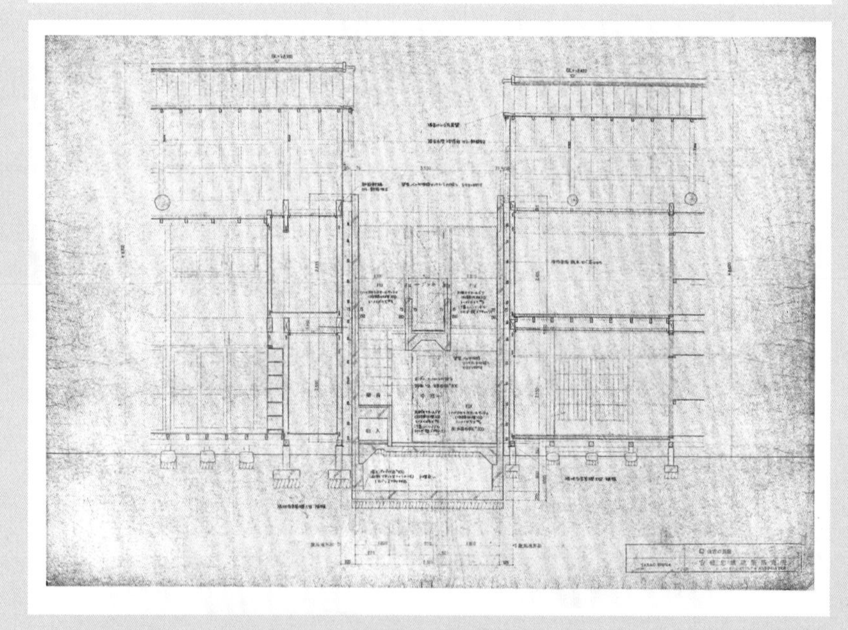

实施设计的平面图（上）和剖面图（下）。不仅包含设计主体的住吉的长屋，连两边相邻的住宅也被非常精细的描绘进来：为了施工设置了单管；为了脱模而使用极限的狭小空间；以及与两家争夺基地的描绘。为了建筑施工而画的实施设计图，这里却是为了建筑盘踞的环境以及与之相关联的描绘，在这之中反映了被称为“让抽象化的建筑浮出”的设计理念。

令人惊叹的施工图设计

我想要着眼的其实是实际的施工图。

建筑师在阐述自己作品的时候，多数情况是通过添加照片、简化的可以表现空间的图纸，以及通过分析图等来表达。而实际建设用的施工图纸，由于所描绘的项目繁多，往往无法用来表述空间形态。

住吉的长屋当然也有这样的实际建设用施工制图。而且这张图纸被多次刊登在杂志或者选集上。

通过施工图来看，玄关上聚拢的采光，还有各空间的通风，甚至紧邻的木造住宅的室内都非常详细的描绘出来［图1、图2］。对此，住宅在各联系中所处的位置，住宅的尺度感，与近邻关系的各种考虑，以及在如此狭小的建筑用地上，看似勉勉强强并带有挑战的施工，都可以在施工图上解读出来。

然而，即便在如此庞大的信息中，这极为单纯的形式毅然浮现出来。并且通过这个形态，在解读众多的各种条件中又萌生了一种“召唤”。

透过施工图可以很容易地读到，为了追求“纯粹”而进行的壮烈的“争斗”，作为争斗的成果释放着强烈的叩问“居住本质”的信息。凭借着这份执着，可以很确定这个住宅就是名建筑了。不管怎么说，如果有机会的话还是很想亲自体验这个空间的。

住吉的长屋

所在地

大阪市

用地面积

57.3平方米

使用面积

64.7平方米

构造

钢筋混凝土结构

层数

地上2层

设计

安藤忠雄建筑研究所

施工工期

1975年10月－1976年2月

第二章

[原理]

幻 庵

1975 | Gen-an

09

设计：DAM • DAN

超 前 进 行 的 二 十 一

世纪生产革命

即使到建筑用地附近来也几乎看不见建筑物，但是越过小河流［照片2］，在一小块平地上一栋橙色建筑物却猛地映入眼帘。据说，在看到这块土地的瞬间，业主当即决定在此处建造自己的茅屋了。

［照片：除特殊标记外均由吉田诚实提供］

如同母亲子宫孕育般感觉的起居室。波形管环绕在室内，通过有限的窗，自然光被打散在波形管的褶皱里，喷涂了珠光的波形管与柔软的地面结合构成和谐的音域。由工业材料组合成的扩音器（照片左），银色的躯体把这个“子宫”的内部空间都影射出来了。

山梨氏视角

YAMANASHI's EYE

拜访幻庵后，其外观的强烈印象“戏谑”了想要读懂设计者真正意图的我们。然而进入建筑的内部一切便豁然开朗了。在大量使用工业产品部件的同时，幻庵揭示出建筑本该还原其带有个性与差异性的特质。幻庵是早于21世纪工业生产的范式转移（价值观的革新）来临前即已先行进行革新的名作。【译者注：范式转移（paradigm shift）也被称为典范转移。】

之前误解了幻庵。不，也许幻庵就是为了让人误解而巧妙制作出来的。

通过建筑媒体的资料来看幻庵的外观［照片1］，波形管产生出的圆筒形与强烈的装饰色彩的表皮映入眼帘，使映入脑海的第一印象非常强烈。

实际造访的时候，与最初的强烈印象不同，另一个世界却展现在眼前。特别是当我得知，此建筑是为了批判工业生产时代，并为展示其先进的世界观而建成时，备感惊叹。

［照片1］

苔藓庭院映衬下的橙色建筑外观

建筑的主人榎本基纯先生取得了园艺师的资格，据说一直到晚年幻庵周围的种植物都由主人亲自栽培。这回由榎本夫人做向导参观了整个建筑。平时并不需要经常在这里生活，但是如果从保养很好的青苔院子来看，足以得知主人对这所建筑的留恋与热爱了。

[照片2]
跨过没有桥的小河流

幻庵的建筑用地必须横跨一条小河流。原本是有桥架在上面,但是由于河水泛滥桥被冲走，之后就没有再架桥了。大雨后水位提升,虽然建筑不可能被移动,可由于自然环境的变化，却为寻觅幻庵罩上了谜一般的色彩。

[照片：日经建筑]

[照片3]
仿佛是融入了土地般存在着

露出的波形管侧面。好像为了与土地融合而被安置在那里。找不到本该属于工业制品所带的独特的尖锐，反而与基地超乎想象的和谐共存着。

住宅主人所追求的“宇宙”

幻庵是业主榎本基纯先生即便辞去工作也要建造的被誉为“宇宙（理想空间）”的住宅。根据实际情况，榎本先生在林中选择了与小河流相阻隔的一块用地[照片2]，并且指定了建筑师石山修武（当时DAM·DAN）为他设计。

建筑的设计原型是空调工程师川合健二的自宅。对于用波形管构建住宅很感兴趣的榎本先生去拜访了川合先生，并在那里遇见了当时20几岁的建筑师石山修武。

川合宅是通过工业制品和技术制造出来的，简直就是“居住的机器”。说起工业制品及技术，是通过大量的机械生产达到标准化，并通过预制生产制作来面对万人的商品化住宅。相对而言，石山与川合虽然着眼于波形管并以工业化材料为基础[照片3]，实际上却是在探索并引导住宅本该以各自独特的姿态存在着的道路。

[图1]

半月形拱桥在起居室上跨过。

南入口

北入口

起居室

和室

剖面图，1/200。南侧是二层的跃层式起居室。北侧一层是卧室，二层是厨房、浴室和卫生间。主入口南侧的二层由半月形拱桥跨过连接。从北侧也可直接进出二层。

[照片4]

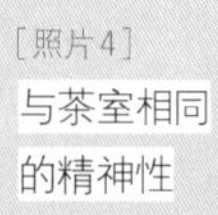

与茶室相同的精神性

通过南侧入口的半月形拱桥可以直接到达厨房

[照片5]
齐备的生活设施

从半月形拱桥上看二层的厨房。榎本夫人特意准备了午餐。二层同样有卫生间和浴室，使用起来十分便利。

幻庵最具特色的是，在工业制品的波形管内侧产生出内部空间。穿过编网的半月形拱桥，下了台阶即到了“子宫”（起居室）的内部。与工业制品的碰撞与结合中，舒展而又发自内心的凝结产生了“宇宙”[图1，照片4、照片5]。

工业制品的大量使用，使建筑表皮散发着强烈冲击感的同时，内部也形成了如业主所希望的“宇宙”，内外不同的解释同时被展现出来了[照片6]。

从大规模生产到定制生产

如果把工业化的大规模生产（mass production）看成为20世纪正统美学的话，21世纪在情报技术及运动影响下，多种少量生产，按需生产（on-demand），从个性化生产到“大规模定制”才是正统美学所及之处吧。

20世纪的文脉中，工业化与大规模生产以密不可分的关系接续着。面对福特T型车（美国汽车）开始大量生产的建筑师们，在建筑中引用并摸索大规模生产的美学，至此“国际派”诞生。在那之后，实际的建筑开始导入大规模的生产技术，涉及了办公楼以及集合住宅，工业制品的“反复的美学”作为正统方式，以标准化为姿态的建筑群覆盖了整个城市。

对于建筑的千篇一律，提倡回归个性的反对运动的兴起也顺应了时代的潮流。建筑本来就带有个性化生产，面对不同的建筑用地、业主、时代背景等诸条件与之相吻合并逐个解决，是现代社会建筑设计非常重要的课题。

这个变化不仅仅在建筑界，在各个领域都有体现。象征大规模生产的印刷界，比起桌面排版（DTP）的发明，开始从大规模生产到以文字处理机为代表的定制生产、电子出版等也联动开始了。蜂窝移动设备等家电也一样，与相关应用软件组合后根据使用者不同的需求进行定制。工业化的今天，已经与大规模生产诀别，少量的并带有特色的生产增多，并且朝依据个人情况生产行销的大规模定制进行着转变。

“超前的质疑”所蕴含的二重性

幻庵大概是40年前在十分确信“大规模生产的力量”的时代里，通过工业制品来寻求的特殊解答，只是这个“问答”出现的过早了。对这个“过早疑问”率先有感悟的设计师，用过于粉饰的表皮来迷惑世人，也许正在等待对本质进行疑问的时代的到来。如此新颖奇特的外观，仔细品味，大量生产物的工业制品被置换成独一无二的特殊状态的缘由就不难被理解了［照片7］。

所以至今，“幻庵的疑问”被赋予新的光辉并重新释放了。

［照片6］

集合了人生轨迹的门

卧室门的表面记满了榎本基纯先生停留在幻庵的日期

［照片：本页照片由山梨知彦提供］

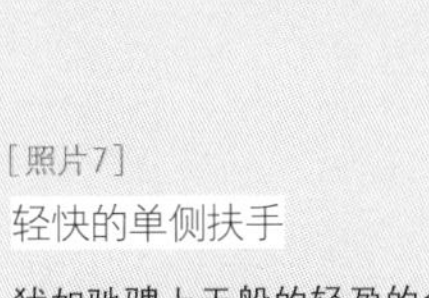

［照片7］

轻快的单侧扶手

犹如驰骋上天般的轻盈的台阶，波形管与钢圆管的运用给人一种工业制品集合的印象。再看这个单侧扶手，拱形的圆管扶手好像悬臂梁般支撑着。

幻庵

所在地	爱知县
使用面积	60.3平方米
结构	螺栓式圆筒形结构
层数	地上2层
设计者	DAM·DAN
施工者	川崎制铁（圆筒形制作） 大塚组（装配） 及部春雄（铁工）
竣工	1975年2月

Chapter

3

建筑自从诞生以来,“空间”既要满足功能需求,又要符合美学,
以这两个需求为核心已经成为人们研究建筑的普遍课题。
很多建筑所追求的独特空间,实践起来难度很大,
但是如果真的解决了这个难题,并对社会产生深远影响的话,
名建筑就诞生了。
重新审视一下这些作为名建筑被采纳的案例中的空间,
被视为普遍课题的空间也呈现出了新的面貌,
这些空间不仅具有多样性,也表现出设计者对于新的价值观的追求。

在具有普遍意义的空间中挖掘可以被社会广泛认同的价值

第三章

[空间]

10 海洋风俗博物馆

1992 | Sea-Folk Museum

设计：内藤广建筑设计事务所

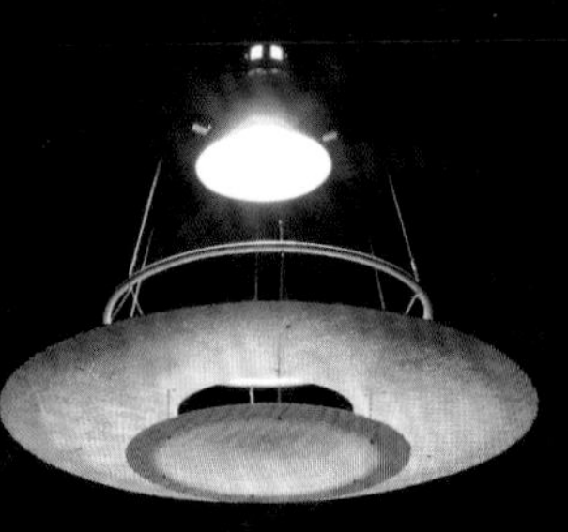

收藏室的昏暗使人

的感官变得敏锐

藏品库内部可以参观的船的藏品库（e室）。项目内部没有空调器械，只通过侧面的换气扇进行换气。

山梨氏视角
YAMANASHI's EYE

至今也无法忘记当我进入海洋风俗博物馆暗淡空间时感受到的那种深远感。带有特色的预制混凝土材料使内部空间显得宽敞。然而，使藏品库具有深邃感的好像不只是视觉上的东西。抑制光线效果的处理手法更刺激人的感官并使之变得敏锐。

为了融入三重县大吉海湾风景而修建的海洋风俗博物馆，削减了自己外观的特色，是一栋与其带有存在感的内部空间保持绝妙平衡感的名建筑。

从远处看海洋风俗博物馆就是一些重叠的瓦的屋顶集合，越到近处就逐渐感到了变化［照片1］。追求“朴素”而被彻底削弱形体而产生的建筑，绽放着肃穆，就如同早晨的凉气一般，净化着来访者的心灵，并带来了平和之感。

具有对比性的内部空间

如果认为数栋建筑有机结合所构成的设施，割离了每个单体建筑的关系，从而显得不够风雅的话。那么，展示栋和藏品库的这

［照片1］
完全融入风景中的外观

从东侧可见连续的瓦屋顶。好像传统的集落一样与周边的景色融为一体。

[图1]

几乎同样容积，结构材料的重量却相差大约10倍

通过BIM做成的藏品库（左）和展示栋（右）的轴心组合图。通过BIM也可以推测建筑材料的质量。大约同样容积的空间，藏品库的总重量是730吨的预制混凝土材料，展示栋用了75吨左右的木材，这是通过逆向技术推测出来的。

［资料：日建设计数字设计室］

两个功能区，以及两者之间所存在的对比，恰恰是作为整个建筑群的核心特征并关联了单体建筑。

展示栋也好，藏品库也罢，这是一个跨度大约19米而没有柱子支撑的空间。展示栋是木造结构，藏品库是预制混凝土结构（PCa），这是两个迥然不同的结构［图1］。正如结构材料及结构设计负责人渡边邦夫所指出的，这样的设计是计算机无法完成的，削减了多余部分的造型。

展示栋是由复合木材构成的空间，吸纳自然光线，是一个带有温情的空间［照片2］，而用预制混凝土结构制作的藏品库，自然光无法进入［照片3］。最初，藏品库也计划用木结构设计，但是考虑到预算以及耐久性等诸多因素后改为用预制混凝土结构建造了。

[照片2]

昏暗的藏品库

藏品库的内部。对于光的限定，昏暗中收藏品浮出表面。

内藤广先生说“从最初就考虑到，藏品库和展示栋应该是表现生与死的对比”。

[照片3]
不身临其境无从知晓的内部收藏库的外观。由三栋建筑构成。
[照片：日经建筑]

[图2]

收藏室安定的温热环境

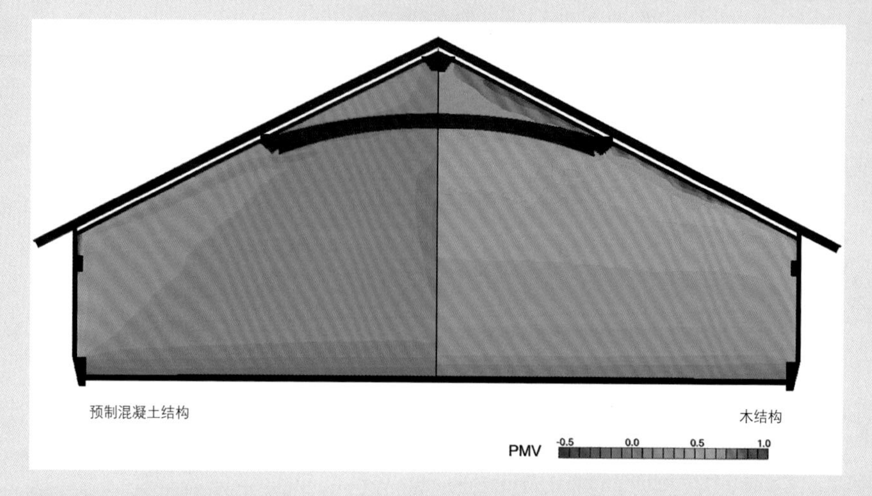

带有绝对优势的质量差将会给内部空间带来什么呢？通过BIM对藏品库（左）和展示栋（右）的夏季PMV（气温、湿度、气流、热辐射、代谢量、穿衣量的体感温度指标）进行了模拟实验。藏品库即使不使用空调器械，建筑内部整体也是温热系数十分稳定的空间。

[资料：日建设计数字设计室]

“昏暗”可以带来的东西

藏品库内部是暗淡的，光打在框架和墙壁上使阴暗消失的同时也削弱了光本身，在这个暗处几艘木造的船横卧在里面。“昏暗”似乎本身可以给这个空间增加气氛，实际上这只是其中一方面。

和木造展示栋相比，昏暗的藏品库里的预制混凝土结构具有绝对性优势，使积蓄的热放射出来而产生热效应[图2]。同时又可以阻断外界的噪声。还有在嗅觉方面，这个昏暗正是使嗅觉变敏锐的原因，它可以让人对展示品的味道做出敏感的反应。

曾经，在恐龙繁荣与衰退的过程中，小型哺乳类动物只能祈求在灰暗漆黑的夜晚活动，因为视觉无法看到，所以味觉和听觉等感官变得格外重要，大脑的感觉区从而得到了进化。恰好在这里，与展示栋相比，在藏品库的昏暗里我们的感官得以被唤醒，这个名建筑唤醒了感官，使它们都有了知觉，给人们留下了极为深远的印象。

现阶段，是一个不提及环境就无法谈论建筑的时代。海洋风俗博物馆却可以被誉为既能刺激感官，又能体验环境，即挑战环境与建筑完美结合的早期的现代建筑作品了。

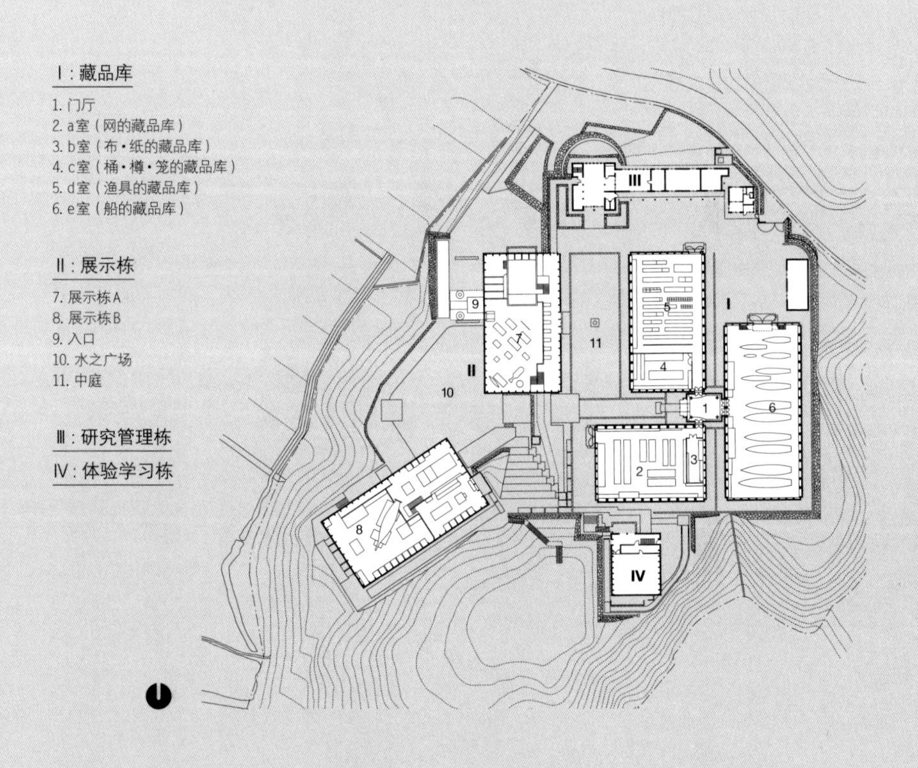

海洋风俗博物馆

所在地

三重县鸟羽市浦村町大吉

1731-68

使用面积

2026平方米（收藏库）

1898平方米（展示栋）

结构

预制混凝土结构（PCa结构）/部分

钢筋混凝土结构（RC结构）（藏品库）

木造/部分钢筋混凝土结构（RC结构）（展示栋）

设计

内藤广建筑设计事务所（建筑/设备）

结构设计集团（结构）

施工者

鹿岛（藏品库）

大种建设（展示栋）

施工工期

1988年3月-1989年6月（藏品库）

1991年3月-1992年6月（展示栋）

第三章

[空间]

11 风之丘火葬场

1997 | Kaze-no-Oka Crematorium

设计：桢综合计划事务所

唤醒"外部"

景观设计上各个形体如织锦般分散着并达成一种平衡，这个设计手法正是桢文彦在城市规划中一直提倡的“群造型”理论，在这里通过景观设计进行了置换,以此展开并运用建筑的尺度进行设计。

[照片：摄于1997年,此页及下页照片均由吉田诚提供]

日本人的生死观

焚化炉前大厅的中庭

本应是外部才有的中庭却存在于封闭的空间中，
正因如此有种内部外部反转的感觉。

山梨氏视角
YAMANASHI's EYE

风之丘火葬场是一个将建筑与景观完美结合的名作。浮夸不实的殡仪馆很多，而这个建筑却成功创造了适于吊唁仪式的看似非常普通的空间。项目设计的关键点在于，能与“土葬”时代的生死观相通，并以十分日式的手法表现出内、外部空间的连续性。

桢文彦设计的风之丘火葬场，将分散布局的建筑物与包围着建筑的外部空间进行了完美的结合，从景观设计的重要性而言，是对日本建筑界产生了深刻影响的名作［图1］。

设计不止于造型，建筑师还将建设过程中发现的古坟群组织在设计之中［照片1］，由此使场地加入了土地的记忆，即留存至今的巨大埋葬场所，也仿佛在向来访的人们提问，死是什么？现代的殡葬到底有什么意义？

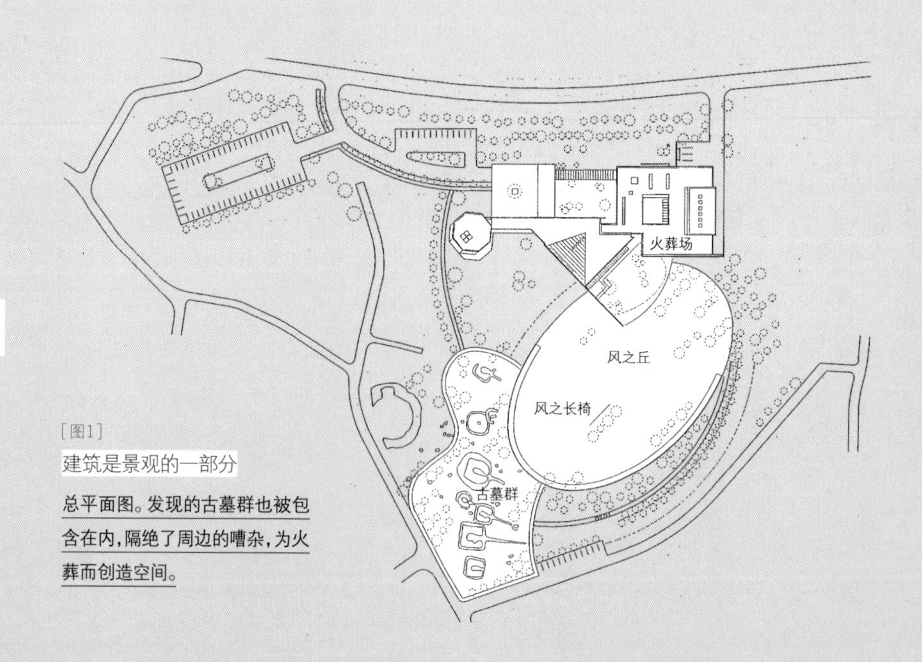

［图1］

建筑是景观的一部分

总平面图。发现的古墓群也被包含在内，隔绝了周边的嘈杂，为火葬而创造空间。

[照片1]
大型陪葬群遗址

与景观结合的古墓。工程之前对此通过文化遗产调查，确定是长期送葬的场所（此土地的特征是作为死者的归属地）。

[照片：本页及下页图片均由山梨知彦提供]

设计的原点是室外的葬祭

我们所能想到的墓地与葬礼形式，必定都是近些年的样式。在陵园墓地上排列着“先祖的墓”，并带有繁复雕刻的墓碑（内部有石室并带有火葬后存放骨灰的隔板）。这种形式其实出现在江户时代后期，“人身管理”政策出台后，“宗派人口登记”的同时，大概从20世纪70年代开始火葬设施被推行起来。

通常火葬场建筑设计是为专门处理遗体。并且，为了掩盖“死亡”所带来的“暗”，在内部会增设很多超出需求的照明装置。而风之丘火葬场，作为现代殡仪馆的设计典范，展示出其独特的带有装饰性的一面。

风之丘火葬场同时具有殡仪馆与火葬场的功能。通过原始而朴素的设计手法，展现出带有日本风土人情味道，并满足葬礼与祭祀需求的空间。

曾经以土葬为核心的时代，挖掘墓穴、运送棺椁等室外工程是葬祀的主要的行为活动，即便在现今日本，也依然在自家的廊下进行祭祀活动（参加者多数都集中在庭院，棺材不放置在玄关而设置在廊下）。由此看来，日本的丧葬文化是在大自然的恩惠中被滋养出来的。

情景空间频繁的更迭

进入风之丘火葬场就会震惊于内部无时无刻不与外部连接的特点［图2，照片2～照片6］。在室外空间可以看到景观和建筑群的融合，并由此带来不同尺度的连续感。当然，虽然设计中 带有门，但是多格子的推拉门在无须考虑开关的情况下依然保持了空

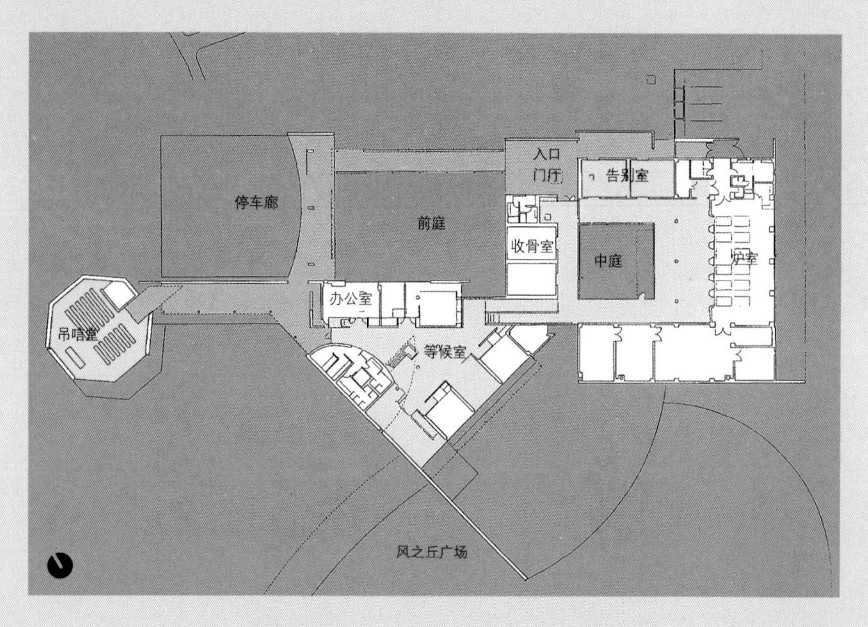

［图2］
大半的空间与外部连接

一层平面图。对与外部的连接进行弱化处理。一半以上的空间都与外部空间保持相连。

[照片2]

看似内部却把外部引入

在接近入口的地方，地面、房檐和墙壁很好的控制并引入周边的风景。形成了内外连续不断的空间。

[照片3]

多数门都用了透光的格子图案

多数的门都是格子图案拉门，所以无须考虑开闭状态，外部空间很好地被引入殡仪馆内部。

[照片4]

光带有通向深处的导向作用

焚化炉前大厅导入的自然光。

被引入外部的空间

巧妙的使用材料会显得格外与众不同。
这个材料的好处就是引入的外部空间
与从此处洒落下来的自然光线。

[照片6]
减少了光线的
告别室

减少了光线，带有强烈幽闭感的告别室。即使这样，与周围相比，此处依旧是开放的空间。

间内外的连续性。

桢文彦在其他作品展现的房间与房间相连接所形成的“间接空间”的手法在这座建筑中并没有体现。这里的房间是开敞的，并始终保持与外部环境的连续。这种设计手法正好与“灰空间”即土间与廊下的表现手法相吻合，是极具日本特色的连续空间表现法。

这样的设计可以使整个公共空间随着气候的变化，时间的斗转星移而时刻变化着。通过自然光照把房间照亮，并针对房间的功能不同来调整光线，使人的心可以安静下来。在与自然紧密接触的同时，人的心灵会变得敏锐，对自身的存在与死亡更好的思考与冥想。风之丘火葬场正是由于建筑师深入思考了“生与死”才设计出的罕见名作。

风之丘火葬场

所在地

大分县中津市大字相原

3032-16

使用面积

2259平方米

结构

钢筋混凝土结构(RC结构)/部分

钢骨结构(S结构)

层数

地上2层

设计

桢综合计划事务所(建筑)

花轮建筑结构设计事务所(结构)

综合设备计划(设备)

佐佐木环境设计工作室(景观)

施工者

飞鸟建设

施工工期

1995年3月-1997年2月

第三章

[空间]

12

轻井泽山庄

1963 | The Mountain Villa in Karuizawa

设计：吉村顺三

消　失　的　存　在

项目二层的内部。开口部的推拉门窗被收入暗箱后，内部与外部成为一体。
这里是轻井泽山庄最具特色的空间。
然而，只通过推拉门的细节设计无法产生这个独具特色的空间。

[照片：除特殊标记外均由安川千秋提供]

细　节

山梨氏视角
YAMANASHI's EYE

轻井泽山庄以内外一体化的推拉门等极具特色的部件镶嵌在建筑中而闻名。然而，实际参观的时候，强烈感受到细节设计与建筑完美的交融为一体。对于吉村顺三而言，细节不是“再布置可能的零部件”而是“为了每个建筑而思考的新尝试”。

参观这个项目时，顺着楼梯爬到二楼的瞬间感受至今是无法忘却的。

吉村顺三对自己的作品解说十分稀少，关于这个别墅的创作理念是“在树上，制造一栋像鸟一样生活的家”。独具特色的斜面屋顶空间像是被混凝土的建筑物轻轻地从地面上举起似的存在着[照片1]。从大大开敞的窗户看去，树木和葱绿占满了整个视野。就如同吉村所言，来这里的人都变成了鸟儿。

吉村的建筑最大的特征是缜密地研究细节。但是，实际参观却不难发现，细节设计只是一个配角，空间才是建筑的生命，任何一个造访者都会感悟到，这是个极具内涵的空间。

项目“无法用照片表现”的理由

很多摄影师都认为，吉村的建筑是“无法用照片来表达”的。要通过体验才比较容易理解这个空间，由于不具备明快的图示，照片上只是静止的视角和二次元的构图[图1]，很难捕捉到空间特点，所以人们关心的焦点都集中在容易捕捉的细节上。这就导致带有特色的推拉门、混凝土与木造的混合结构成为热点，并从整体空间中割离出来而变得特立独行。

我很多次都把“时间轴”导入空间来作为吉村建筑的特征来思考。例如，到山庄的动线，移动过去的同时形成很多流动的景色，吉村顺三是十分重视“步移景异”的设计手法。

推拉门的设计可以结合季节与时间，是用来捕捉丰盈建筑空间

简单却大胆的构成

轻井泽的湿气很大，
为了保护建筑并使生活便利，
一层部分用钢筋混凝土构造，
上面出挑的形态即二层部分是木造。
单纯的斜屋顶是不受常规束缚的大胆构成。

格局 的手段[照片2,图2]。推拉门可以隐藏在暗箱中,这样山庄内外得到了最好的连接，使得“像鸟儿一样的生活”的理念得以实现，所以暗箱是实现这样的空间感受并与之密不可分的设计。另外，项目中使用木材这一材质，其本身就很容易带有强烈的“沧桑感”。

吉村1962年设计建筑的时候，就强烈地意识到对隔热的设计了，当时被高频使用的隔热材料是发泡聚苯乙烯，可以说隔热设计是快速对应“时代”的设计了[图3]。

[图1]

无法用照片记录的空间

一层平面图和二层平面图。想从平面图上读取由这张图产生的空间可以说是困难至极。像分析图那样的易懂空间构成是不存在的。

[设计图制作：平尾宽]

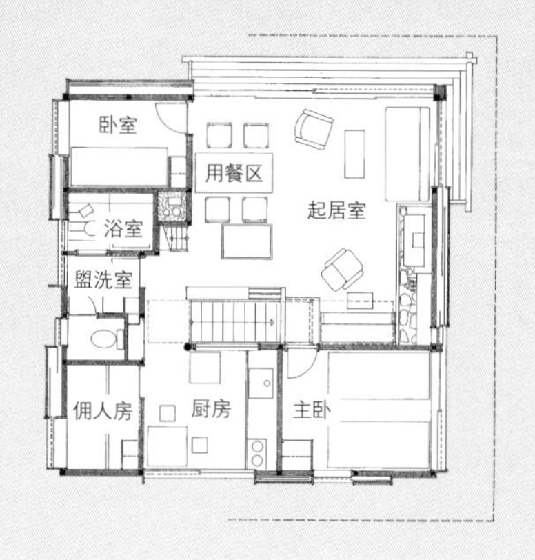

二层平面图

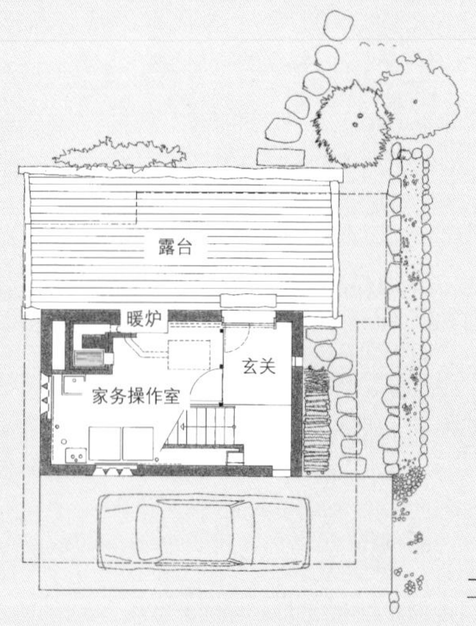

一层平面图1/200

[照片2]
阳台扶手使用的是原木

二层开口部的周围。阳台的扶手是由上下水平削减的原木制成的。虽然看起来有些粗犷，通过眼前的窗，广袤的树木作为背景的瞬间，可以看到最适合这个空间的细部。吉村这样认为，“始终只追求建筑细部的形态，却疏忽了对功能的追求，扼杀了建筑优点的事情经常发生”，作为建筑巨匠的密斯，晚年陷入了单纯对于建筑形态细部追求，这是令人叹息的。吉村所追求的，不是为了细部而追求细部，而是为了派生出空间而关注的细部。

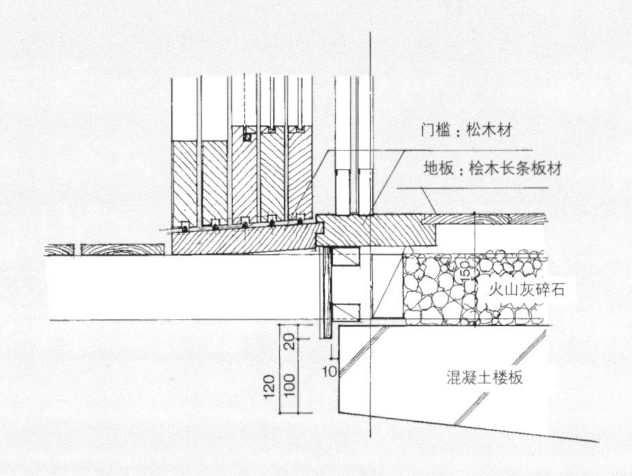

[图2]
水流到外面的节点

二层阳台部分节点剖面详图，1/20。因为是寒冷的地方，所以不进行填缝处理，就算多少有些空隙水也难以进入的节点处理。

[图3]

对于隔热性的高度意识

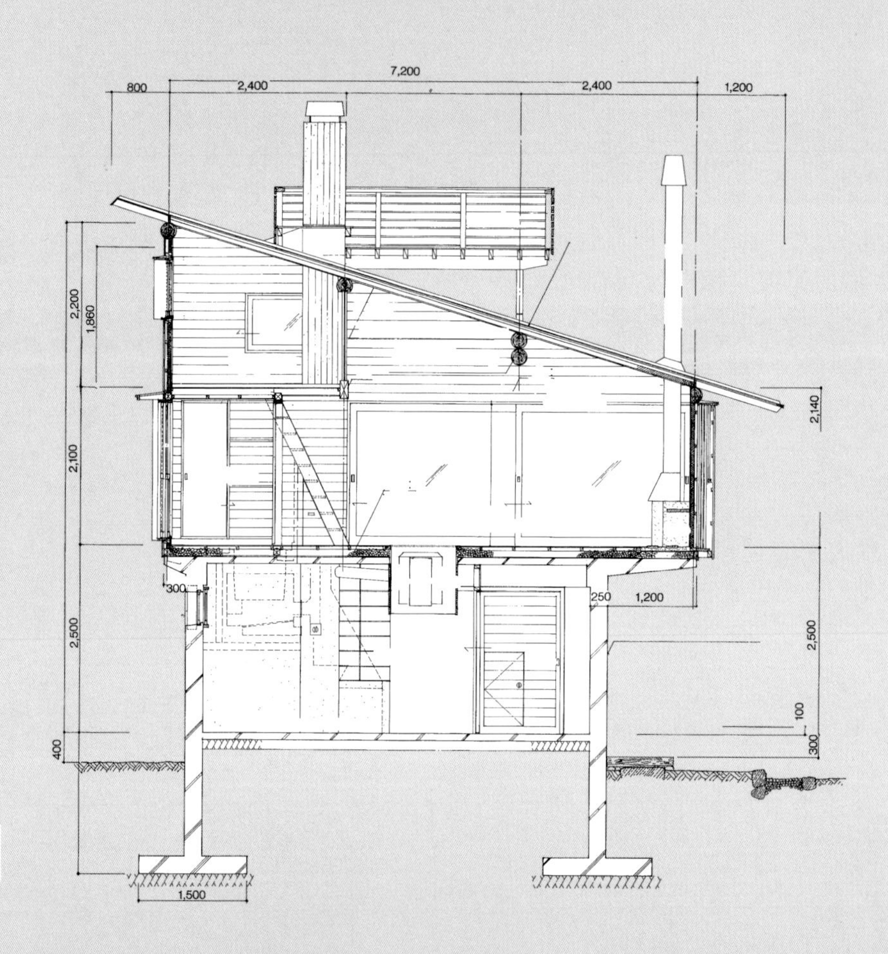

剖面图1/100。当时，隔热材料的使用可能只有发泡聚苯乙烯，考虑到建筑的使用年代，建筑师对隔热材料的使用具有非常高的意识。

[照片3]
两扇可以分开的水平拉门

台阶最上层，水平方向布置了拉门。拉门分成两扇，打开的时候分别向相反的方向推拉，进入暗槽后拉门就消失的细节设计。

[照片：两张均由佐藤恒雄提供]

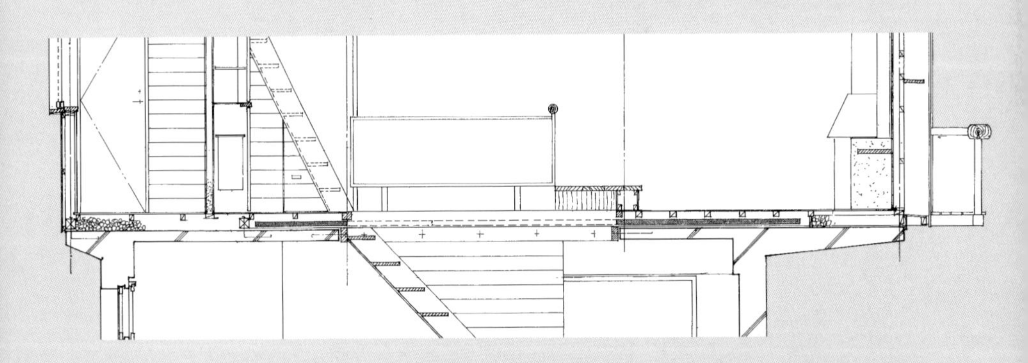

[图4]
水平开启后拉门被隐藏

最顶层推拉门的剖面详图。关于这个推拉门，吉村顺三没有过多的解释，但是从草图或者图纸上可以推断这个部分是经过深思熟虑后设计出的。

[图5]

初期的高精度草图

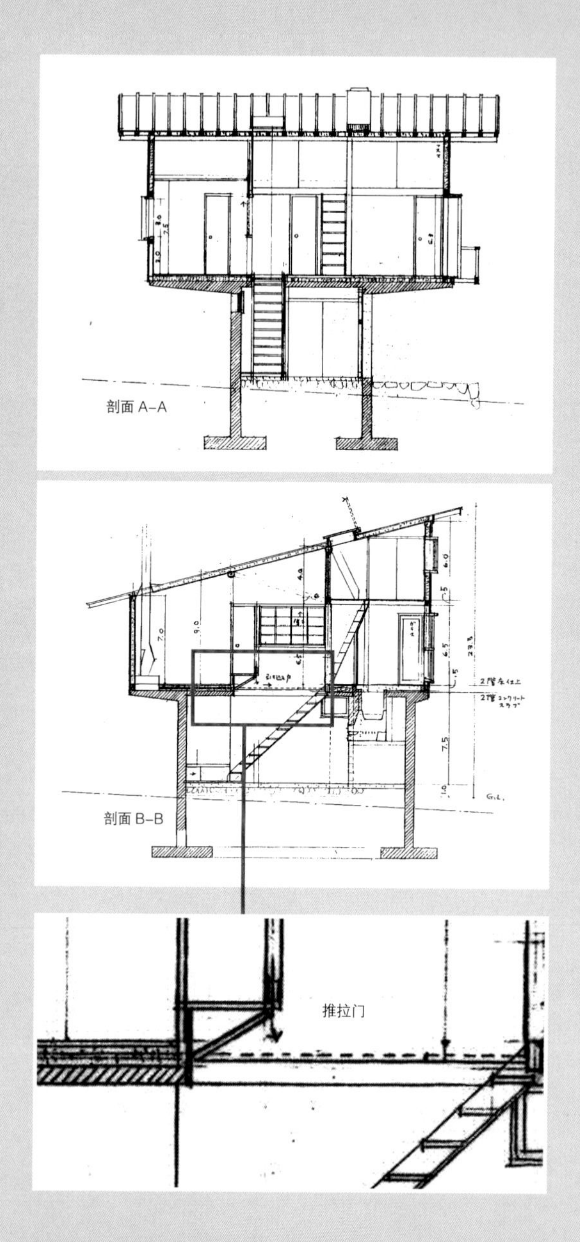

吉村先生自绘的初期草图。“建筑的完成度，是通过详细的讨论各部分的尺度、比例来决定的”，正如吉村说的那样，初期草图就可以看出，设计已经精细到各部分的尺度，主要的建筑要素也都有所提及。这个草图，台阶上方的水平推拉门为了不撞到头，一部分运用了抬高的形式。但是实际上如图4所示为了把水平拉门完全打开，最终并没有采用部分抬高形式。

［资料：吉村顺三纪念展］

初期草图中所呈现的水平推拉门

回到空间的话题，能够产生“像鸟儿一样生活”的空间，只凭借起居室窗口的大推拉门是不够的。这与从一层到二层所设置的楼梯，和不多见的水平方向开关的推拉门的存在都有很大关系。这个水平方向的推拉门，为了容易开关被分成两扇，逆方向的开启使推拉门很容易被收纳，并很好地隐藏了二层空间。[照片3、图4]。

在现场体验并且实际操作开关推拉门的时候，感受到推拉门不仅能使昏暗的楼梯间连接到二层楼板，并且把二层空间完美的从一层空间中分离出来，可见水平推拉门对于空间的分割起到相当重要的作用。更令我感兴趣的是，这种不动声色却极为讲究的细节，在吉村最初的草图中就全部的表现出来了[图5]。在草图的表现中，为了使头部不撞在台阶上，采取了部分抬高的设计方式。

在这里使用的很多细节，如果从通用设计的角度考虑，很多是行不通，甚至还蕴藏着危险。其实细节设计应该是与建筑整体共存的。吉村建筑中独特的细节设计从不会反复使用，反而都是在挑战个别案例中所诞生出的新创意。

这个建筑之所以是名作，最大的挑战就是细部不是单独存在而变成了建筑不可分的一部分。这个作品肯定是捕捉了从内心自然散发的舒适感而创作的。

轻井泽山庄

所在地

长野县轻井泽町

占地面积

1258平方米

使用面积

87.7平方米（1层18.6平方米，2层51.8平方米，小屋17.3平方米）

结构

钢筋混凝土结构（RC结构）（1层）/木结构（2层）

设计

吉村顺三

施工

轻井泽建设，曙工业株式会社

施工工期

1962年10月－1963年3月

第三章

[空间]

13 国立代代木综合体育馆

1964 | Yoyogi National Gymnasium

设计：丹下健三，都市，建筑设计研究所

所 有 功 能 都 通 过

一 个 造 型 来 整 合

从东侧俯瞰国立代代木综合体育馆（竣工时名为国立室内综合体育馆）。
左上为第二体育场，右下为第一体育馆。
主缆索与缆索悬挂形成双重悬索结构。
［航拍照片：尾关弘次，2009年摄影］

山梨氏视角
YAMANASHI's EYE

对于国立代代木综合体育馆的介绍大多是着眼结构形式的"形"，但是本篇重点解说的是"整合"的精彩 。入口或观众席等，这些运动场馆里不可欠缺的诸功能整合得恰到好处，借助入口，内外空间又被流畅的连接在一起。国立代代木综合体育馆就是所有功能与空间都通过一个造型被整合起来的名作。

2011年10月新国立体育馆竞赛的决赛作品出炉，同年11月公布的最优秀方案成了热议话题[图1]。与其他参赛作品相比，国立代代木综合体育馆（国立室内综合体育馆）的独特性时至今日依然跃然纸上。

物被赋予形的基本方法大体就是两种模式，部分模数化（分割要素）并进行重组"构成"；部分并不分割而保持全体一体化（整合）。

运动场馆建筑由覆盖整体的大屋顶设计为主导。因此，入口处观众席等诸功能与大屋顶是分离的，入门大厅、雨搭、基石部分以及观众席都进行了模数化，大屋顶常常根据其构成而进行设计。

正因如此，在大屋顶下面的运动场馆建筑看似到处都是入口，但实际上对入口却是有限定的，很难理解到底从哪个门进入[照片1]。从罗马时代的圆形运动场产生以来，明确的入口问题似乎变成场馆类建筑永恒的课题了。

上部的悬索结构与下部的体块密不可分

对于此问题，国立代代木综合体育馆把所有要素都完美的进行整合并由一个形态体现。例如，非常有名的悬索结构的上部结构，实际是由下部的观众席向外侧倾倒的力拉动内侧而达到的平衡，所以上部和下部成为一体，成为不可分割的结构体[照片2]。

[图1]

入口可以一目了然的方案很少

新国立体育馆国际竞标（2011年）入选的方案。无论哪个方案都具有独特的形态，从鸟瞰效果图来看，入口位置非常明确的方案却非常少。| A. 扎哈·哈迪德入选方案（竞赛当时）。| B. COX Architecture优秀奖方案 | C. S A N A A + 日建设计入选方案 。下面是最终审查后剩下的8个方案。| D. Populous | E. UNStudio/山 下 设 计 | F. TABANLIOGLU Architects Consultancy | G. DORELL.GHOTMEH.TANE/ARCHITECTS | H. 梓设计 | I. 伊东丰雄建筑设计事务所 | J. GMP international GmbH | K. 环境设计研究所

［资料：日本运动振兴中心］

[照片1]
北京的鸟巢入口处理也不明确

北京奥运会的主体育场，俗称鸟巢。不管从哪个方向都觉得是如同集合到大屋顶下的设计，但是实际上入口却是限定的，如果凭直觉找寻入口是很费劲的。

[以下的照片：除特殊标记外均由山梨知彦提供]

正如这样，运动场馆的大屋顶和入口的形态被完美结合起来，运动场馆内外的空间通过入口的介入有机地连接到一起[照片3]。

在这座运动场馆里，无论是在内还是在外，人们绝对不会搞错入口方向。在这里，人们充满着期待进入场馆，在里面观看竞技，之后恋恋不舍地离开。在这里，场馆独有的活力与形态被非常完美的整合起来了。

[照片2]
与悬索结构形成一体的下部结构

国立代代木综合体育馆、第一体育馆的全景。绳索结构的上部结构，实际是由下部的观众席外侧外挂的力拉动内侧而达到的平衡。独特的造型组合成一体，即使从远处来看，也很容易找到。

[照片3]

在空间内部也十分容易识别入口的方位

第一体育馆的内部。在巨大的空间中,通过反转屋顶的设计,恶作剧般的抑制了超大的内部空间体量。虽然拥有巨大空间，通过主入口的介入使内外贯通,非常容易把握出入口空间(照片右侧)。

[照片：的野弘路]

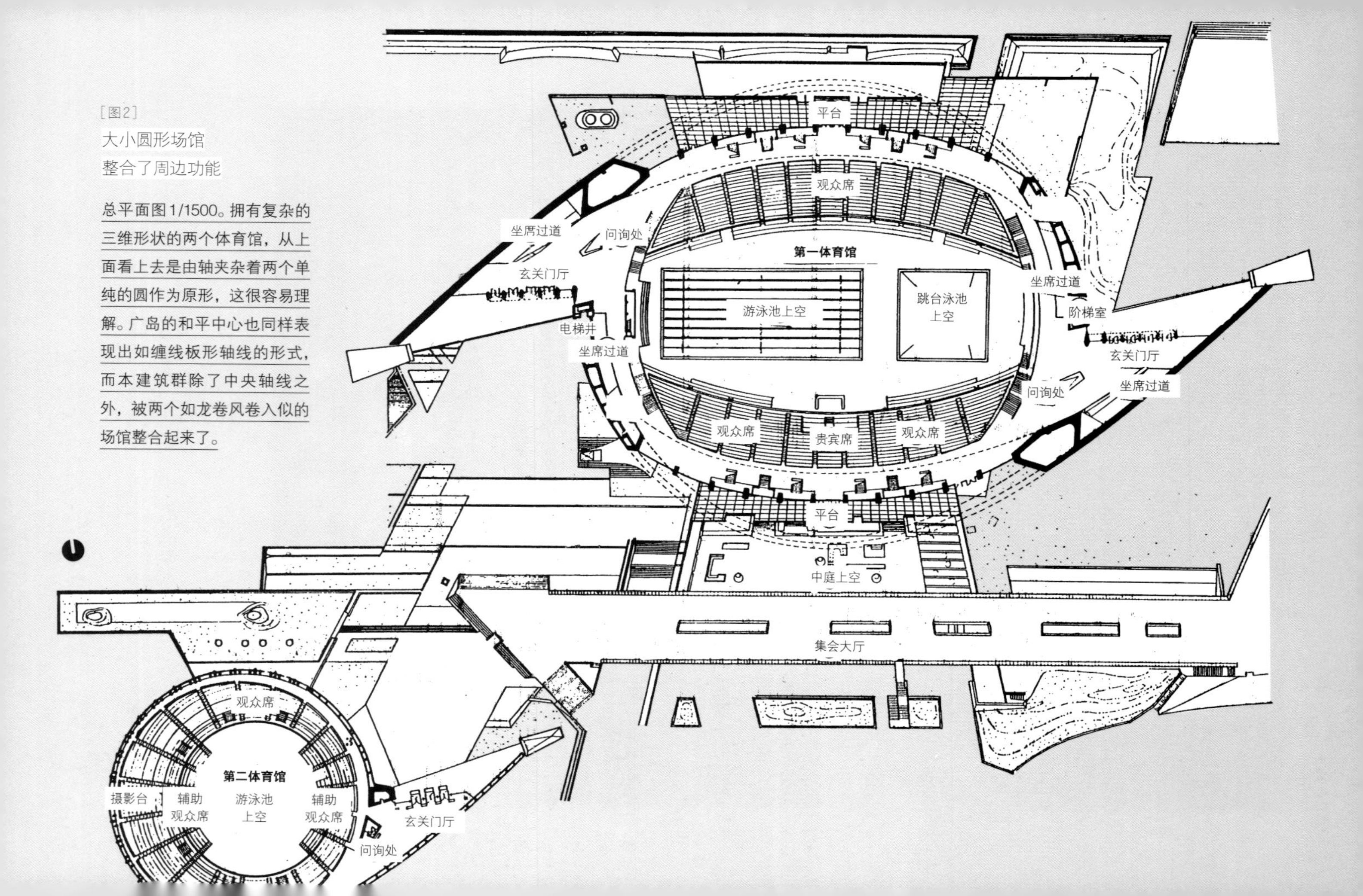

[图2]

大小圆形场馆
整合了周边功能

总平面图1/1500。拥有复杂的三维形状的两个体育馆，从上面看上去是由轴夹杂着两个单纯的圆作为原形，这很容易理解。广岛的和平中心也同样表现出如缠线板形轴线的形式，而本建筑群除了中央轴线之外，被两个如龙卷风卷入似的场馆整合起来了。

体育馆与周边环境融为一体

这个项目功能的整合，超越了单一的运动场馆，也把周边环境融入进来。一般情况下，运动场馆作为单一的形态，往往因为过于强调设计而造成与周围环境脱离了联系。然而，这个项目却把大小两个运动场馆及作为轴所附带的三个设施相连接，并与城市巧妙的组合起来[图2]。

只有中央轴线是完全的保持静静的水平与垂直的状态，其他的建筑用地内部所有的元素，包括两个运动场馆都如同被龙卷风吸入一样，又如同被风吹倒似的，一切垂直线形都在消失状态下被完美的统合着[照片4]。

丹下健三的这个设计通过独创的造型，回答时代所寻求的结果，被誉为纪念性与传统继承的命题。同时，在符合运动场馆所担负的多功能空间的基础上，产生了整合周边并与之联系的奇迹形态。

[照片4]
石板是再利用材料

远景。能够让运动场飞舞起来的是带有可以感知到的日本式铺装石板。这个石板(照片右)是对旧有铺装材料的再利用。丹下健三作为废物利用的先驱，集结时代的精华来构筑这座建筑，使其别具一番意味。

国立代代木综合体育场

所在地
东京都涩谷区神南2-1-1

用地面积
约9.1万平方米

使用面积
第一体育馆2.5396万平方米
第二体育馆5591平方米

结构
钢筋混凝土结构(RC结构)，钢骨结构(S结构)，悬索结构

施工工期
1963年2月-1964年8月

设计者
丹下健三，都市，建筑设计研究所

施工者
清水建设(第一体育馆)
大林组(第二体育馆)

Chapter 4

在空间认识中，
不可欠缺将空间看作“于时间中移动的活动物体”的视角与体验。
因此，时间与空间一样，一直以来被定义为建筑最普遍的主题。
并且，在建筑领域中的时间概念，可以向多个方向扩展。
历史这一社会共享记忆，以及与此所扩展出的保护问题、
儿童时期的体验等个人记忆，这些与时间相关的概念，
或是时光流逝等角度所体现在建筑上的记忆概念——
在谈论名建筑时，时间是一个越来越有份量的因素。

扩展的时间概念下
捕捉动态化的空间

塔状住宅

1966 | Tower House

14

塔之家 | 设计：东孝光

远离“争斗”

从二层起居室向下看
外观似乎是很封闭的空间，
出乎意料的是内部与外部却保持着良好的连接。
[照片：安川千秋]

舒适的“粗犷”

现今的外观。
竣工时（1966年）周边没有高的建筑，
只有这个住宅迎向太阳，以十分突出的外形示人。

从入口向上看。无隔热的混凝土浇筑，
是“结构体”兼“外表材”的极限选择。
据说当初想用更便宜的预制板进行混凝土浇筑，
但是模具工人实在看不下去便即兴的使用浇筑模具组装起来。

山梨氏视角
YAMANASHI's EYE

塔状住宅，又称为“市中心居住的金字塔”，是东孝光的自宅。虽被誉为“市中心的先锋派堡垒”“与城市化的争斗”，但实际上却是充盈着温暖舒适感的住宅。创作之源是通过带有弹性的居住方式来取代固定的模式，装修竣工后楼板的预留口产生了意外的“粗犷感”。

听到“市中心居住的金字塔”，多数读者会在脑海中浮现出东孝光的自宅“塔状住宅（塔之家）”。我一直有想去参观的念头，恰好东先生同为建筑师的女儿东利慧是在这栋房子里长大并一直生活在里面，最终我有幸由东女士引导并对这栋建筑的内部进行了参观。

直至参观前，“市中心居住的先锋派碉堡”这样的观念一直荡漾在我心间。实际参观后却发现，这是一栋在粗犷外表包裹下，内部充满着温存并洋溢着舒适感的宽敞建筑。在高速发展期的东京，建筑师东孝光与夫人、独生女儿组成了核心家庭，为了享受城市生活从而在设计上尝试把整个世界都包裹在了这栋住宅里。

这个住宅建于1966年，居住设计采用“L（起居室）D（餐厅）K（厨房）+nB（卧室）”的形式是为了与当时的标准化进行抗争。从平面图可以看出，如同阶梯室一样的空间被巧妙的上下连接，所有的空间一边保持着可见的隐蔽，同时又与私密共生共存着[图1]。

预留30毫米厚度为变化留有余地

就像文章一开始指出的那样，实际参观时留下最深印象的是内部与外部紧密相连。从外观来看虽是极为封闭禁锢的空间，但是水泥墙上到处都有开口可以看到外面的景色，形成了超乎想象的与外部相连的空间[照片1]。东夫人说，她每天都在张望时光穿过起居室的样子，可以时刻感觉到光阴的斗转。

[图1]

所有的空间都
柔缓的连接着

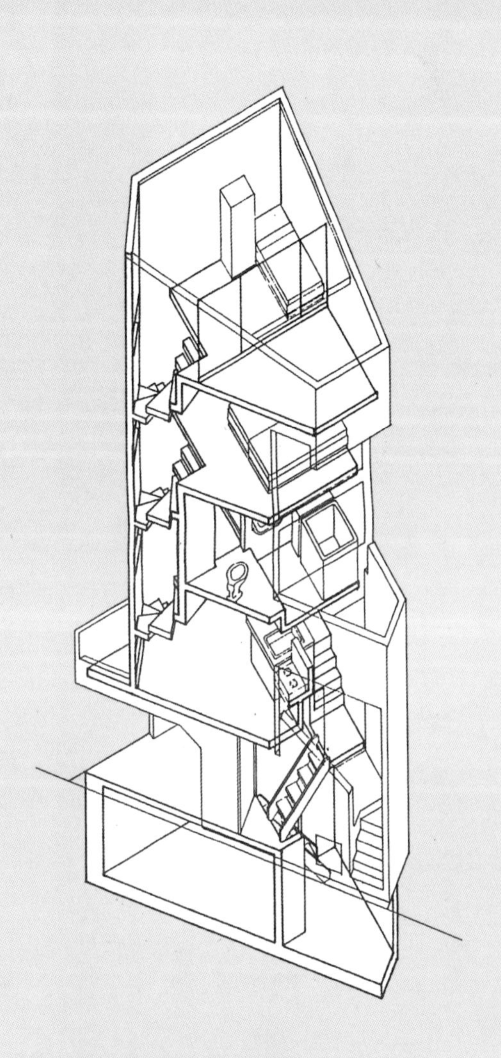

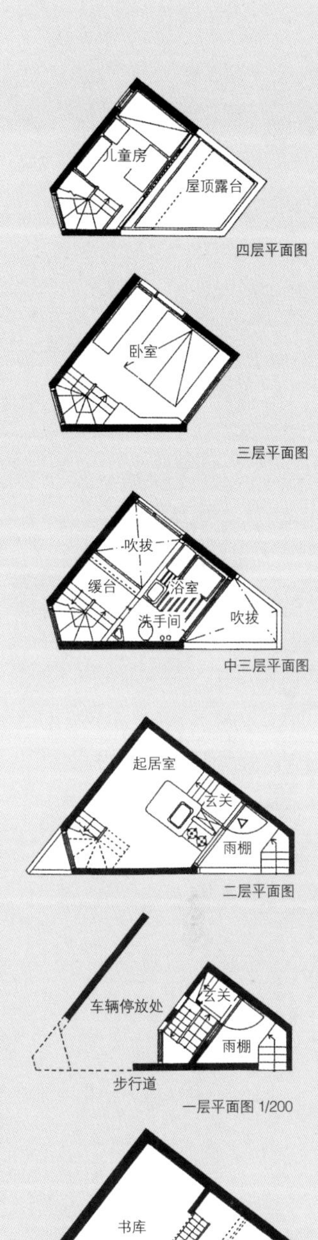

现代的标准化和商品化住宅，
很多都以LDK+nB的形式被设计，
在这里所有的空间都以阶梯形式柔缓的连接，
在20平方米的面积里产生出如此丰富的空间。

[照片1]
与想象不同的
开阔室内空间

从三层的卧室向下看。
到处都是开口并可以看到外面的景色，
形成了超乎想象的与外部连接的空间。

当时我非常强烈地感受到室内做工的粗犷。内部的做工和外表皮一样直接用粗犷的混凝土浇筑，那种粗犷劲儿，就好似民家的三合土地面或者土墙壁的感觉，反而带来了某种舒心［照片2、照片3］。

建筑内楼板残留的预留口同样非常有趣［照片4、照片5］。在被做到极限的剖面设计中，施工楼板预装板材的预留口预留了30毫米，所以楼板在没装修的情况下就竣工了。也正是这不起眼的30毫米，使楼板的不规整变得更别具一格，同时也承担起在起居室铺设地热系统等功能的变化。正因如此，即便现在，这个住宅依旧可以作为良好的居住空间伫立在城市中心。

［照片2］
粗犷的装修却产生了豁达之感

楼梯中间三层的缓台。与外部同样的粗犷模式展开。这种粗犷使居住空间产生出无限大之感。在施工的时候模具工人不小心掉进去的烟头也与混凝土一同浇筑，东先生在完成后也没有摘除下来。

[照片3]

如土墙一样的
混凝土顶面

混凝土在流入模具的过程中使顶端保持了粗犷的外貌。像土墙一样的粗犷感却带有温暖与亲切感。

[照片4]

楼板只覆盖了一层贴纸

从三层的缓台看浴室。台阶或者楼板朝上的一面，楼板残留着预留出的30毫米，其实很多地方还没完成装修建筑就竣工了。竣工之后，楼板上一直被贴着蓝色的贴纸。这个贴纸并不是工人施工贴上的，而是由十分擅长剪裁的东夫人针对这种粗犷设计亲自剪切并贴上去的。

[照片5]

预留的楼板包容了
更多的生活变化

四层楼板的剖面图。竣工后，预留部分贴上地板的效果。

回归"标准化"之前的丰富性

经济高速发展期之后，日本很多建筑都用超高的施工技巧来支撑高精度的施工现场，并在这方面崭露头角，这也是日本现代建筑的一大特征。然而，这其中似乎遗漏了很多内容，诸如"建筑本身就是生活的一部分以及它所带有的丰富性等。同样的，这个时期之后的住宅被集住化、标准化、商品化。在这样的过程中建筑的"多样化"被割舍了。建筑师东孝光为了尝试支撑多样性的生活状态，充分在这部作品中展现了这些设计，即"为了城市生活而更迭" 的某种精神。

时代的变化挑战着这种敢作敢为的胆量，为了实现这种"多样性"，东先生无论从材质选择还是空间构成上都进行了极为柔软的处理，为了应对将来的变化又弹性的予以组合。这个住宅到现在都被誉为"城市中心居住的金字塔"，无论在何时都被亲切地称为"塔之家"。

塔状住宅

所在地

东京都涩谷区

用地面积

20.5平方米

建筑占地面积

11.8平方米

使用面积

65.0平方米

结构

钢筋混凝土结构（RC结构）

层数

地下1层，地上5层

设计

东孝光

施工者

长野建设

竣工

1966年

第四章

［时间］

15 神奈川县立近代美术馆

1951 | The Museum of Modern Art, Kamakura

设计：坂仓准三建筑研究所

不依赖玻璃而

塑造的透明感

对于充满通透感的建筑，
外表皮材料大多都会使用玻璃。
各建筑要素的重点就是考虑看上去如何能最少，
最薄。所以，即便不依赖透明材料，
也可以产生纯粹敏锐而又通透感十足的建筑空间。

[照片：除特殊标记外均由细谷阳二郎提供]

山梨氏视角
YAMANASHI's EYE

神奈川县立近代美术馆是一座以很强通透感而著称的建筑，而这种通透感却是在没有过多的使用玻璃的情况下被塑造出的。在战后材料十分匮乏的年代里，是如何实现其独特的通透感与飘浮感的呢？其实是融入了参观者的视点，并从观察视角上对空间以及细节的设计追求极致的结果。

神奈川县立近代美术馆（现神奈川县立近代美术馆，镰仓）作为"带有透明感的进深空间"的名作给人留下深刻印象。此建筑是在战后物资匮乏时期产生的作品，是使用最小限度的钢筋量和极为便宜的板材外壁而建造的超轻量级的结构体，轻盈的降落在水池的彼岸，使本该略显单薄的最小体量升华出独特的魅力，诞生了既具有现代感又带有日本传统美的空间［照片1］。

精密演算的钢结构柱与桁架

通过平面图［图1］来看，连廊等动线部分都布置在室外，这在很

［照片1］
石头上面搁置的工字钢。

扩展到水池的大堂空间。工字钢的底部轻盈地落在水池里的石头上。事实上工字钢是穿过石头插入水池的底部与基础梁连接在一起的。这个创意在当时有很多的争议，在去现场参观的时候也给我留下了极为深刻的印象。

[图1]

旋转空间把外部空间引进来

建筑的平面图常常被认为是受到其导师勒·柯布西耶所构想的“无限成长的美术馆”中旋转空间的影响而设计的，这里的旋转空间得到升华，借用阴阳纹使外部空间引入内部，构成极具独创性的空间。

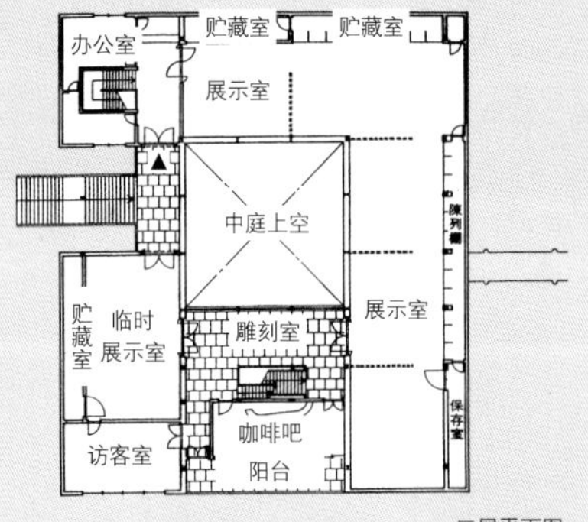

二层平面图

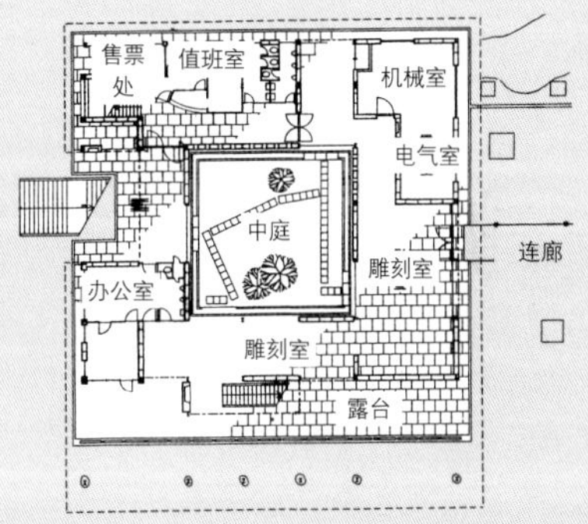

一层平面图 1/800

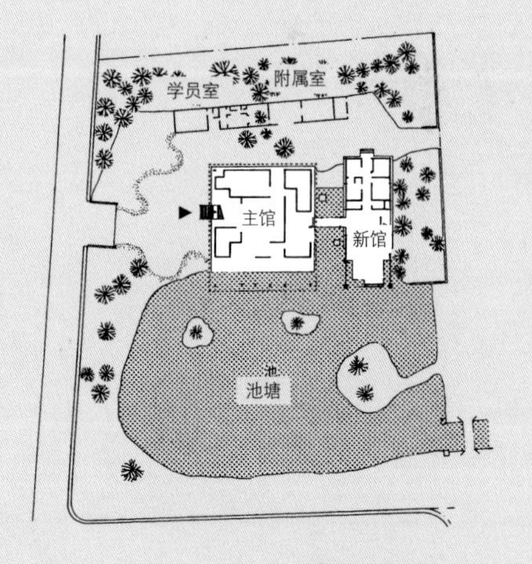

总平面图 1/2,500

大程度上缩减了预算。这样的处理，使内部空间和外部空间可以很好的融合，符合镰仓气候特征的空间也呼之欲出了。

项目严格控制钢架的使用量，显露出的H形钢柱只有150毫米×200毫米（面向中庭的柱子是125毫米×250毫米），这产生出一种凛然的庄严感[照片2、照片3]。

从剖面详图[图2]可以看出，极细的柱子之间，二层的楼板层与二层屋顶是通过立体桁架架构后连接在一起的简洁构成体。然而，立体桁架并不是平常所想象的那种普通的均质构成，这个建筑的细部结构设计中，添加了更加详细的桁架的构成变化。

为了使薄屋顶可以十分轻柔的表现出来，彻底限制了屋顶立体桁架端部的厚度，二层楼板的立体桁架完全根据屋顶下大跨度的展示厅的情况而定，梁以及部件的构成，都因此而进行了十分复杂的调整和变化[图3]。据说在现场施工阶段又进行了更多精细的加工、处理[照片4]。

提升通透感的细节设计

有趣的是，这个建筑可以产生如此通透感的原因，很大程度上却是弱化玻璃的存在而产生的效果。

就如主入口西侧的外立面，向中庭方向倾斜的极薄的屋顶水泥

[照片2]
强调进深感的柱和壁

一层大部分都是外部空间。钢架形成的线与大谷石材的面强调了纵深感。外围与中庭部位钢架柱的尺寸是不同的。外围钢架的凸缘部分是150毫米，梁腹部分是200毫米。中庭柱子是125毫米×250毫米。

[照片：日经建筑]

[照片3]
为引导视线
钢架被涂上
两种颜色

二层咖啡吧阳台的钢骨架。左边柱子上部被遮挡的部分从这张图片看被涂了两种颜色，正是为了人们越过水池看建筑的时候视线可以停留在二层。

[照片：日经建筑]

板，拨开了通向中庭的视野，为了强调一点透视而设计的大台阶，以及与好似刺入大台阶上的极细钢架柱融为一体，形成了独特的具有通透感、纵深感以及飘浮感的空间[照片5]。这全都没有使用大尺寸的玻璃。

[图2]
并不均等的
立体桁架

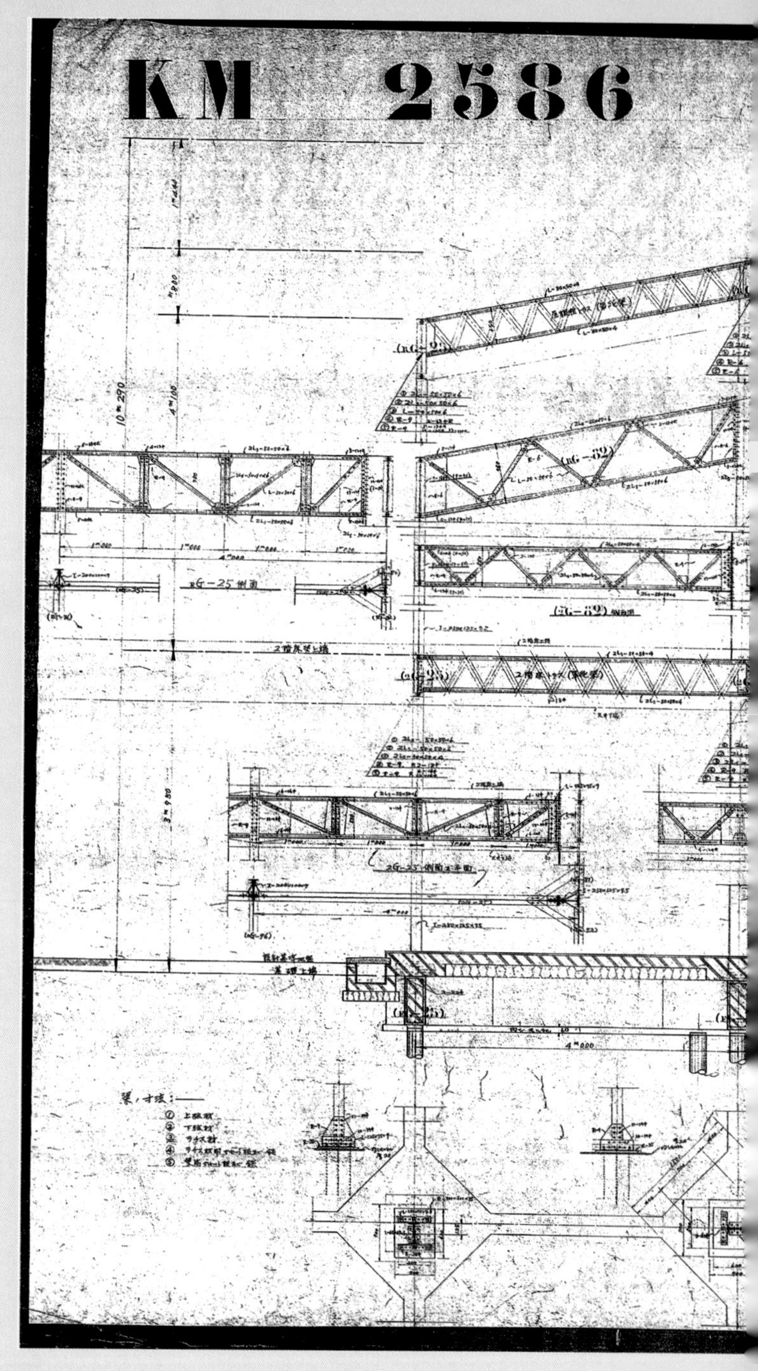

结构剖面详图。立体桁架的各部分，加进了比设计要求更加详细的变化。

[资料：坂仓建筑研究所]

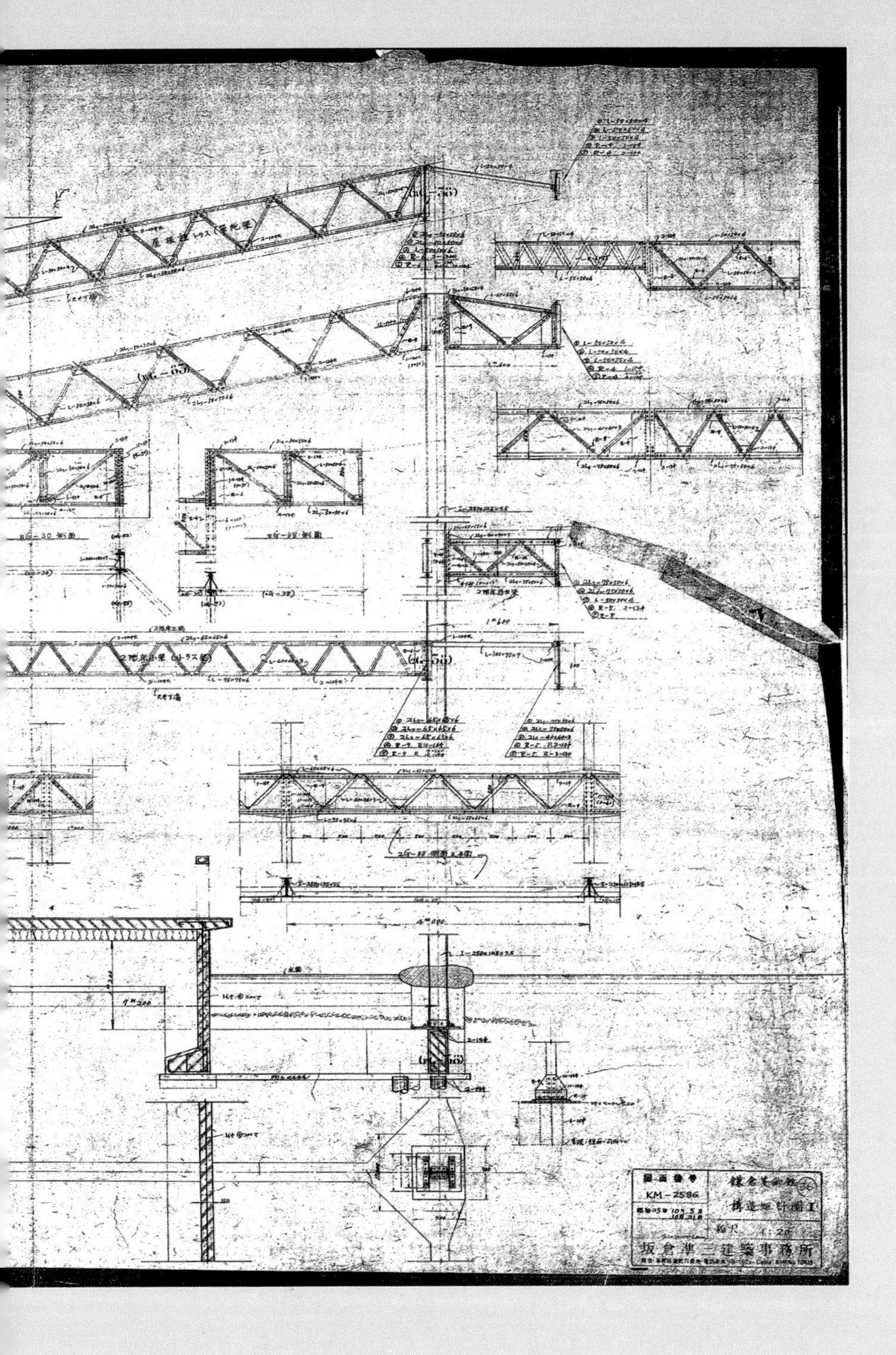
屋根柱トラス（登梁）
2階床小梁（トラス梁）
図面番号
KM－2586
鎌倉美術館
36
構造詳細図 I
縮尺 1:20
坂倉準三建築事務所

[照片4]

复杂纤细的立体桁架

建筑过程中钢架的样子。现场施工阶段进行了深度加工。

[照片：坂仓建筑研究所]

[图3]

向内侧倾斜，屋顶的设计增强了进深感

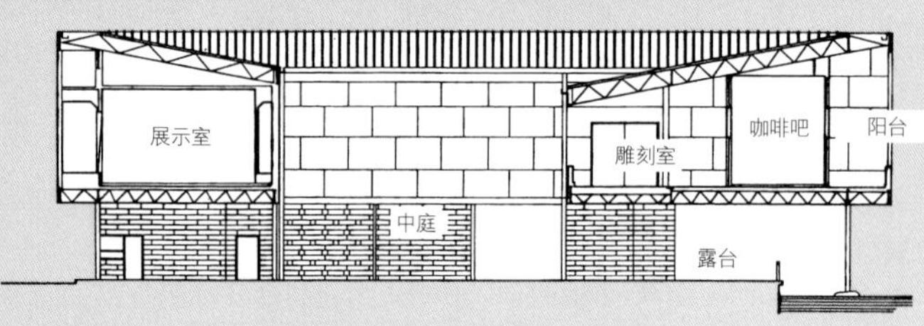

剖面图。屋顶朝着中庭的方向倾斜。

立体桁架迎合展示室及大堂的情况进行排布，是很复杂的变化。

[照片5]

强调一点透视的主入口

竣工时的西侧外观。一点透视的构图中，进深感以及干净利落的通透感都被准确地表达出来。台阶、极细的钢骨架、二层的遮阳顶、洒满中庭的光等都成了不可分的要素。二层的遮阳顶在翻修的时候被增加了厚度。

[照片：神奈川县立近代美术馆]

楼梯扶手的栏壁虽然不是玻璃的，但是建筑师使楼梯扶手从入口方向看去时显得十分简洁，并且通过让栏壁的底面离开地面55毫米进一步强化了扶手的飘浮感[照片6]。

这样的飘浮感、通透感并不是在所有的场所里都能感知到的。巡视内外空间，着眼建筑要素的各要点，发现这些都是建筑师根据看上去最少、最薄的状态进行计算与布置的。当然，这是融入参观者的视点并综合考虑后的结果，即为了引导参观者在某个场所去关注某空间或某细节而做出的极致设计的结果，也产生了如此纯粹而敏锐的通透空间。

设计时完全不受材料匮乏与低成本控制的影响，相反的却在美学上得到升华，至今依然有很多值得学习的地方。

[照片6]
从地面抬升
55毫米的扶手

台阶扶手下部的设计没有直接落地，而是从地面被分离开。这样的细节设计，首次把根据全体的构成关系所决定的效果发挥到极致。

[照片：日经建筑]

神奈川县立近代美术馆
（现神奈川县立近代美术馆，镰仓）

所在地
神奈川县镰仓市雪之下2

用地面积
1.25万平方米

使用面积
1575平方米

结构
钢骨结构（S结构）

层数
2层（部分3层）

设计
坂仓准三建筑研究所

施工
马渊建设

施工工期
1950年12月－1951年11月

Chapter 5

模型和建筑表现等很具象的东西，都不能被称为建筑。
建筑需要实体建造，需要材料的介入。
所以当建筑师思考材料时，或是竭力尝试让材料融入设计，
或是把材料最大程度地抽象化，
再或者把材料最大程度地具象化，
诸如此类的尝试多种多样。
如今，材料的使用呈现出多样且混搭的状态，
材料在名建筑中发挥着十分重要的作用，且经常被人们提及。

挑战“材料”的极限
建造崭新的空间实体

第五章

[材料]

16

金泽21世纪美术馆

2004 | 21st Century Museum of Contemporary Art, Kanazawa

设计：妹岛和世+西泽立卫/SANAA

模糊境界派生

出的曲面玻璃

通过这张鸟瞰照片观者可以很清楚地读出，如同分析图一般，玻璃曲面围合成的圆形平面里，十分松散地分布着各个展示室。

[照片：吉田诚]

山梨氏视角
YAMANASHI's EYE

对于金泽21世纪美术馆，最深的印象就是在一个圆形中，各展示厅分散的布置成平面构成。平面图上如织锦一样的图式很夺目。事实上让这个图带有“空间”体量感的很大的原因是由外部被设置的曲面玻璃决定的。作为建筑设计的根本——“窗”带有新的方向性指示，这是这一名作的最大特征。

建筑设计的一个基本课题是一边用“光”控制着室外环境，一边又把“光”引入到建筑内部。金泽21世纪美术馆中最突出的是“窗”的设计——玻璃被应用于建筑中。虽然玻璃在建筑设计中是调整并整合室内外环境的典型配件，但金泽21世纪美术馆中的玻璃不仅在功能上展现出较大的革新，更在建筑美学的表现上具有着重要的意义。

19世纪到20世纪，建筑界对建筑外皮自身的透明化一直处于尝试与摸索阶段。这方面，做法最极端的就是密斯·凡·德·罗的“全玻璃的摩天楼策划”，外壁玻璃幕墙的使用使世界的建筑师们都入了迷。那样的一张构想设计图可以称为超高层建筑的原点了。

金泽21世纪美术馆的玻璃外皮，在这股潮流中占有十分重要的

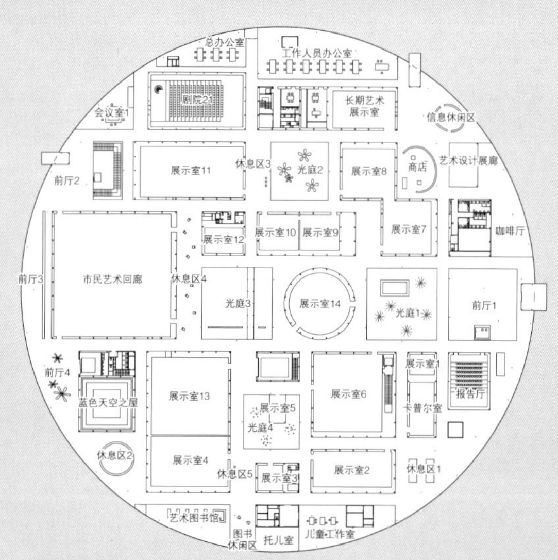

[图1]
如织锦一样的平面图

一层平面图。展示室并不是沿着走廊布置的，而是分散布置，好像在森林中散步一样的展示空间，被规划并分成多样的策展空间。

[资料：SANAA]

位置，但是我想要关注的不是关于“透明性”，而是关于“模糊的存在感”。

超越平面构成的空间体验感

这个美术馆处于绿地中心，是一个直径113米的圆形建筑物[图1]。外周由无框的玻璃围合[照片1]。

通常，沿着走廊布置的展示室十分的分散，展示室和走廊的主从关系不仅被模糊处理，建筑师还把走廊设定为展示空间用以满足艺术家们的展示需求。

每个展示室都由玻璃包裹着。与沿着圆形建筑表皮的内侧按序列排布展示室的建筑相比，美术馆在平面布局上采用在中心区域设计展示室的布局手法，使空间变得十分有趣。中心区域以外的空间成了开放型对市民展示的空间，这样，中心与外围空间交织在一起形成了带有共享特征的空间。

美术馆在设计之初便旨在既满足对市民开放的需求，同时又要满足艺术家对新锐展示空间的需求，还要符合必要的防范等功能的要求。金泽21世纪美术馆基于此诞生了。

在美术馆内部行走的时候，看似迷宫一样的空间，通过展示室之间的缝隙，不仅可以看到中心区域所在的位置，还可以更好的感知外围区域所呈现的状态，各空间皆一目了然。所以，金泽21世纪美术馆的独特之处在于它已经超越了普通的平面规划，

[照片1]
“虚无的真实”
玻璃面的存在

高精度的浅曲率的曲面玻璃产生出极为细致的内观效果。实际参观的时候，曲面玻璃虽然虚无却真实存在。所以说不管从建筑内部还是在圆形的外周，都可以十分明确地感受到建筑物的基本构成要素。

[照片2]
犹如室外一般的室内空间

从第三休息室的位置看室外。虽然室内感觉也犹如在室外一般，但因玻璃的存在而让游客完全可以分清哪里是室内,哪里是室外。

[照片3]
通过玻璃幕墙所映射的室内外景致

高精度浅曲率的曲面玻璃所营造的外观，从室外可以直接看到室内，玻璃面很好地映射出周边景象，更加明确了圆形形体的存在感。

[图2]

看不出艰辛感的剖面

外装剖面详图1/20。极厚的夹层玻璃采用浅曲率，天马行空的想法实现了特殊玻璃的效果，不留遗憾的很干脆的被使用。上下方向的框在外部看被控制到最小，纵向完全都没有框的存在，仅仅只能看到留缝的封胶。

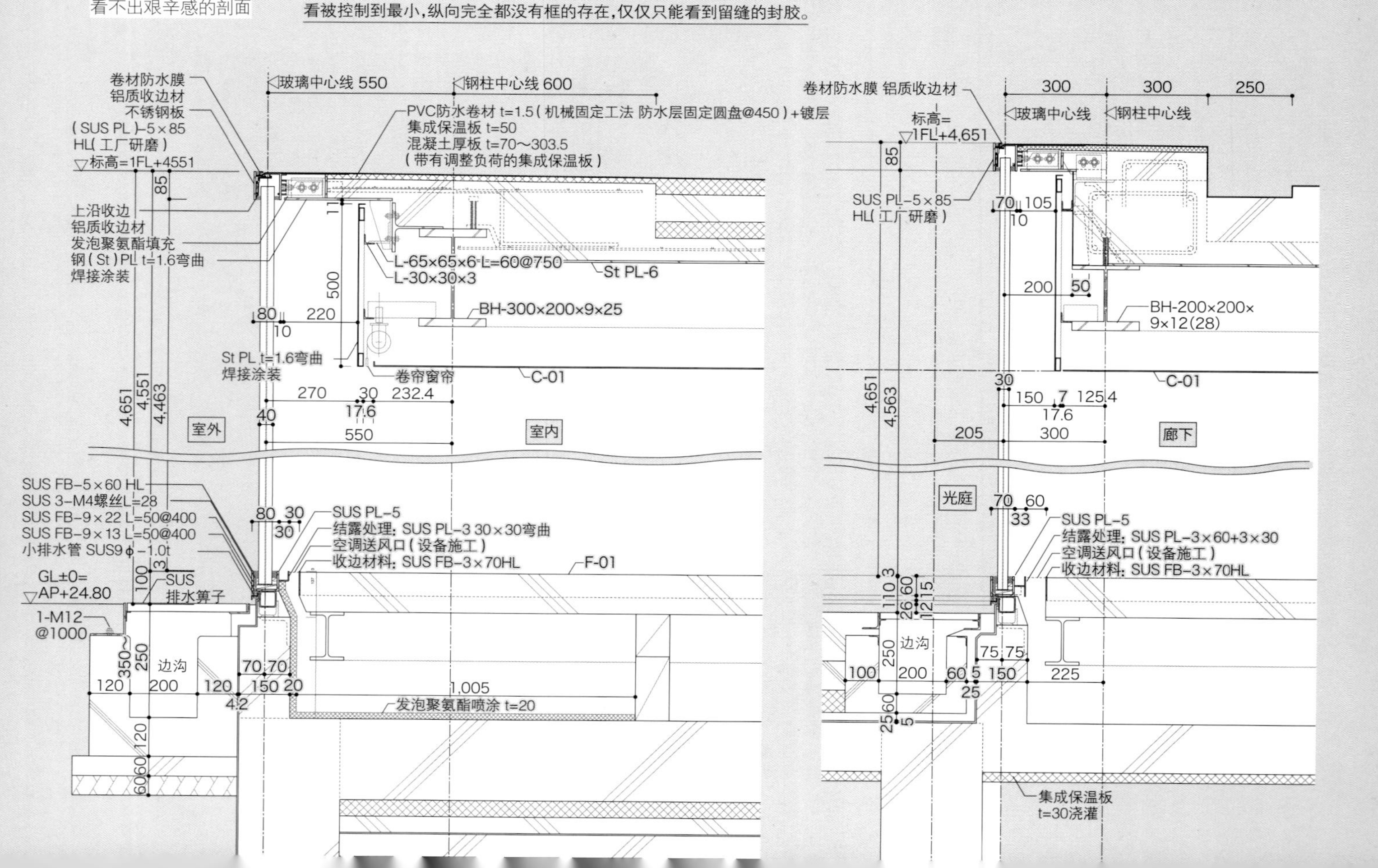

上升到了引导人们参与其中的设计理念。试想，如果周围是不透明的玻璃幕墙的话，就很难带来这种体验了。

表现“荒唐无稽”的特殊玻璃

金泽21世纪美术馆能够产生上述空间体验感的主要原因是采用浅曲率的曲面玻璃从而把周遭的环境纳入建筑[照片2、照片3]。

如果建筑外表皮采用平面玻璃的话，从内向外看时，圆的存在感会消失。或者如果采用带有细框的玻璃的话，会由于过于强调玻璃幕墙的存在感而阻断了内外之间的融合。

在这里，建筑师采用了完全无框且透明度极高的玻璃，仅做一点曲率的变形，就能实现圆形玻璃的效果。

金泽21世纪博物馆的表皮只是采用了普通夹层玻璃做了一点曲率的变化，但这点变化却做到了“荒唐无稽”的程度，使厚重的玻璃产生了轻柔、轻快的感觉，因此达到了特殊玻璃的效果，这着实令人震惊。不难想象，为了能实现这种特殊效果，项目在结构、施工以及制造等方面，花费了相当大的功夫[图2]。

最终，曲面玻璃超越了作为玻璃材质本身的价值，并没有因为透明而丧失掉存在感，反而变成“虽然虚无却真实存在”的新的表现形式。

没有屋檐的大玻璃建筑的热负荷等问题是不容忽视的。但如果仅局限于此，提案就变得没有意义了。平面上强烈的形式感不是单纯作为图案被大家认识的，而是与外部空间关联后得到的升华。我想这也正是金泽21世纪美术馆被称为名建筑的原因。

金泽21世纪美术馆

所在地
金泽市广坂1-2-1

占地面积
2.6009万平方米

使用面积
1.7363万平方米

结构
钢骨结构（S结构），钢筋混凝土结构（RC结构），部分钢架钢筋混凝土结构（SRC结构）

层数
地下2层，地上2层

施工工期
2003年3月-2004年6月

设计者
妹岛和世+西泽立卫/SANAA（建筑），佐佐睦郎结构计划研究所（结构）

施工者
竹中工务店，HAZAMA（现安藤HZAMA），丰藏组，本阵建设，日本海建设JV（建筑）

第五章

[材料]

17 仙台媒体中心

2000 | Sendai Mediatheque

设计：伊东丰雄建筑设计事务所

“非均质”的诞生

建筑刚开馆的样子。
“管子”不仅是构造上的柱子，
同时也整合了设备及电梯，
与普通柱子不同的是承担了很多复合的功能。
看上去也与普通柱子的印象完全不同。

[照片：除特殊标记外均由三岛睿提供]

新 时 代 的 多 米 诺

山梨氏视角

YAMANASHI's EYE

伊东丰雄的代表作之一“仙台媒体中心”，其特征是管子状的柱式和水平状的楼板。建筑竣工时，许多媒体认为伊东丰雄的设计并不够新颖，仙台媒体中心的设计遭到了质疑。而我却认为，仙台媒体中心体现了个性化生产的“非均质性”，并且超越了多米诺体系大规模生产的普遍性，因此它成了名建筑。

从初期的草图［图1］到施工阶段，在仙台媒体中心未完成状态的时候很多媒体评价这是很不常见的设计。特别是在竞标时，伊东丰雄提出“像海藻一样摇摆”的管子的理念，带有如此强的冲击感［照片1］。

仙台媒体中心建设完成后，出现了很多质疑的声音。其中具有代表性的质疑是，在竞赛阶段管子的设计给人极为轻盈的感觉，实际建成后钢管和耐火玻璃的存在与最初的感觉差别很大。另一种质疑的声音是，建筑的主体是媒体中心，但这个项目

［图1］

带有历史印记的草图

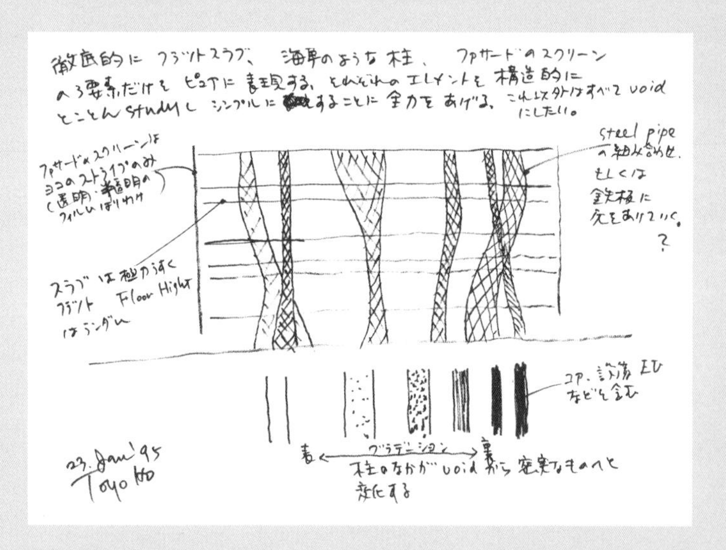

公开竞赛的时候伊东丰雄所绘制的初期草图。恐怕是记录21世纪建筑历史的重要的草图之一。据说是水平楼板和网状管子的组合来向非均质空间发起的挑战。

［资料：伊东丰雄建筑设计事务所］

令人印象深刻的模型照片

竞赛阶段的模型。这个模型展示了海藻一样摇摆的管子和水平楼板的形态，看到此模型的人都纷纷为之倾倒。

的设计却没有创新地体现出空间与媒体的直接关系。

竞赛的落选方案中，也有很多与媒体空间相关、连续倾斜楼板的设计方案。与此相比，中标的伊东丰雄的设计方案却是每层都采用水平楼板，使每层楼都形成了相似的通用空间。

然而，我却认为水平楼板反而是创造新场所的起点，仙台媒体中心是在多米诺体系［图2］提出后，首次敢于挑战并进行创新的作品。

超越多米诺体系的“均质感”

仙台媒体中心的特征是建立超越多米诺体系的空间框架结构。“多米诺体系”是在建筑生产还停留在手工业时期，勒·柯布西耶受福特T型车（汽车）大规模生产体系的启示所提出的新的建筑体系美学。这里想指出的也是近代普遍的课题，即为了摆脱低品质的手工生产，建筑部件模数化（部件化）以及大规模生产系统的确立，正因此产生了均质空间。

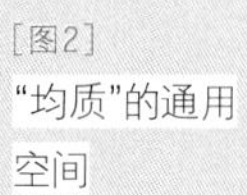

［图2］
“均质”的通用空间

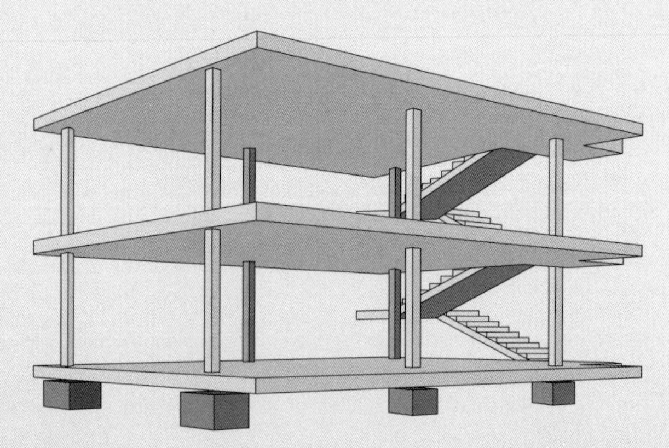

勒·柯布西耶的多米诺体系模式图。以技术作为基础，建筑部件由工业化生产，具有模数化特点（轧钢工厂生产的柱），可以自由组合并实现大规模的生产，并由此诞生出“均质化”的通用空间。

[图3]

复杂的混凝土面板的肋条

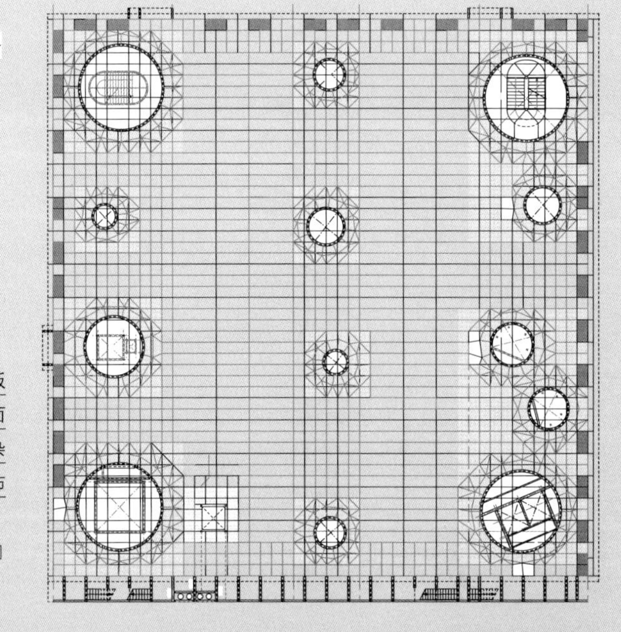

仙台媒体中心的混凝土面板中肋条的示意图。为了将面板的力传给管子，通过复杂的施工，根据力的方向而布置管子和楼板。

[资料：伊东丰雄建筑设计事务所]

[照片2]

大量的铁制钢管及复杂的工作

施工期间的情景。为了实现初期提案中如摆动海藻一样的管子以及极薄的楼板，使用了钢制的管子和钢制的组合楼板。和初期设想不同的是，置换了带有物质感和带有存在感的体系。

[照片：坂口裕康]

多米诺体系所确立的大型建筑的方向性，只通过这张示意图可能无法全然理解，如果到市中心去看看那些超高层建筑群就可以参透其核心了。

相对于此，仙台媒体中心所指向的是建筑的各要素通过楼板与管子整合，倡导建筑本来就是独一的“个别生产”的引导与回归，诱导并获得人的参与所带来活力的“非均质”的场所性。

21世纪都市建筑的原型

建筑中倾斜的钢管构成的管子、结构、设备、采光、垂直动线都得到了整合，在平坦的楼板上变化的孔洞使上、下层空间中人的行为活动实现可视化。另一方面，看似稀松平常的水平楼板为了把力向管子传导，跟随力的走向进行了非常复杂的制作[图3，照片2]。

丹下为了实现这样的建筑，需要使用大量的铁和运用复杂的工艺，这被称为现代做法的手工艺，本应该被赞赏，却反受到了批判。不过我在这里参观的过程中，却窥视到了参数化设计以及数码设计的导向性。

当时，很多建筑施工都是通过手工工艺来实现的，现如今可以通过整合参数化及数码设计来获得。仙台媒体中心的建设当时经过数阶段的提炼方法也使大量生产变为可能。伊东自己对于这个建筑的解说文中这样叙述道：设计要紧密围绕“通过布局的模拟演示”进行。可以说这是凭借直觉对当代建筑发展趋势进行的预感了。

由此产生的非均质空间，因其创新的场所性激发了人们在其中的活动性。现今为了实现多种用途对空间进行了分割，所以通过目前该项目的现状很难体会这一点，但是身处一层的公共空间中依然可以体验到这种“非均质”空间带来的可能性[照片3]。

这个建筑的本质就是剖开了多米诺体系所带来的大量生产所产生的均质空间和美学，超越这些并提出新的体系并产生新的场所性。如今，情报通信技术以及参数化已经普及，媒体占据了

［照片3］

非均质的
通用空间

一层内部（开馆时）。与多米诺体系的“均质化”所产生的通用空间相比而创作出的“非均质化”的通用空间。

重要位置。仙台媒体中心正是可以作为现今新型的都市建筑的原型,并一直保持下去。

名建筑的条件之一就是为开启新时代而塑造了新原型。无疑，仙台媒体中心在这个过程中便起到了无法比拟的作用。

仙台媒体中心	**层数**
所在地	地下1层,地上8层
仙台市青叶区春日町2－1	**施工工期**
用地面积	1997年12月－2000年8月
3948.72平方米	(2001年开馆)
使用面积	**设计者**
2. 1682万平方米	伊东丰雄建筑设计事务所
结构	**施工者**
钢骨结构(S结构)，钢筋混凝土结构(RC结构)	熊谷组，竹中工务店，安藤建设，桥本店JV

Chapter

6

01__皇居旁大厦

02__大阪世界博览会·富士集团展示馆

03__东京文化会馆

04__索尼大厦

05__我之家

06__群马县立近代美术馆

07__原邸

08__住吉的长屋

09__幻庵

10__海洋风俗博物馆

11__风之丘火葬场

12__轻井泽山庄

13__国立代代木综合体育馆

14__塔状住宅

15__神奈川县立近代美术馆

16__金泽21世纪美术馆

17__仙台媒体中心

[18__天空之屋

19__香川县厅舍]

20__广岛和平中心

建筑是为人而设计的，
因为产生了人类后建筑才出现。
纵观建筑的历史，对其评论一度都是从神的角度出发，
而从人的角度开始讨论建筑却不是那么遥远。
从此，人类多变的思想与信念开始主导建筑的价值与意义，
建筑也遵循起了人类必然变化发展的思想理念。
在这种情况下，
如果某个建筑可以在长时间范畴内，依然让人领略其价值与意义，
那么这个建筑就可以被称为名建筑了。

超越随着时代或环境变化的
人的喜好
探索可共享的新价值

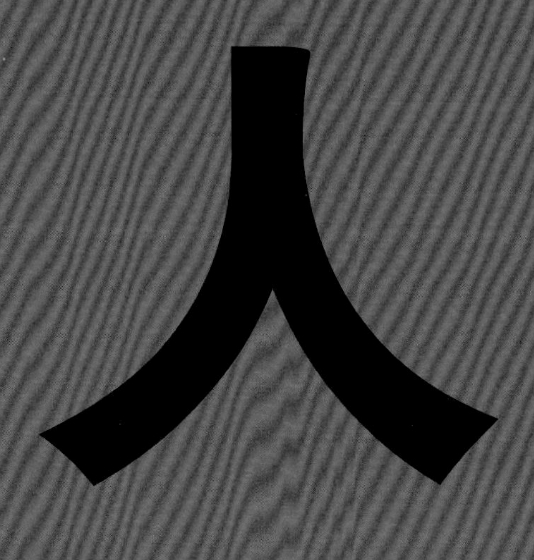

第六章

［人］

天空之屋

1958 | Sky House

设计：菊竹清训

18

逻辑与身体的二

重 性 所 衍 生 的 魅 力

天空之屋的起居室

【照片：除特殊标记外均由安川千秋提供】

竣工时的天空之屋。仿佛从山上往下俯视的外观，就如同它的名字一样。起居室可以直通地上二层到三层。一层当时作为菊竹清训的设计事务所。之后，伴随着各种增建改造，天空之屋不断经历着成长与变化。

[照片：菊竹清训建筑设计事务所]

现今的天空之屋外观。
经过了反复的增建改造,周边的状况也发生了变化,好像被掩埋在城市中。

山梨氏视角
YAMANASHI's EYE

菊竹清训给人一种"逻辑"很强的印象。这个天空之屋也是一样,很容易被归为"新陈代谢派"理论实践的作品。但是在我看来,这个建筑真实的魅力在于兼具了逻辑性与人性两个不同的侧面,并把这两者结合在一起,凝聚在这三层正方形的起居室里。

说到天空之屋,从它的外观上判断,无论谁都会认为,是由在日本诞生的最大建筑设计思潮——"新陈代谢派"(认为城市和建筑像生物新陈代谢一样,是一个动态过程)的影响下而派生的作品。

实际上,这个住宅在1958年就已经完成了,早于1960年召开的提出新陈代谢运动的"世界设计会议"。也就是说,作为主干的钢筋混凝土结构的起居室,与承担变化的移动网格(可提取的设备或房间[照片1])进行了明确的分离。其后,新陈代谢派在提倡新陈代谢建筑理论时最先就把这个住宅作为代表作。

整合生长理念与身体需求的两方面因素

但是,从一些出版资料来看,在了解了关于这个建筑增建改造的详细情况后,我的观念就改变了[照片2]。有关项目增建改造重新考虑到的因素,已经远远超出了事先所预想到的变化[图1]。

天空之屋的变迁由两个方面决定,一方面是移动网格自身的象征生长理念,另一方面是超出预想的变化,即由身体需求而进行的增建改造——正是这两个方面的结合才产生了变迁。但是我却不认为这就是涉及新陈代谢概念的根据。

菊竹所设计的建筑,无论哪一个都是新陈代谢派的代表,他具有很强的逻辑思维。但就像菊竹清训建筑设计事务所的很多老员工所讲的那样,菊竹先生的创作手法是极为符合直觉与身体需求的产物。建筑设计理论与直觉和身体的需求这两方面进行整合而形成一个建筑,这便是菊竹设计的建筑魅力的根源。

[照片1]

初期"预想系统"的解决方案

儿童房的移动网格状态。遵守着新陈代谢派的生长理念，迎合家庭的变化与成长，作为补充的移动网格，从主干部分的三层起居室上垂下。这个预想系统很好地解决预期中的儿童成长，在这之后，也进行了超出预想的增建改造。

[照片：菊竹清训建筑设计事务所]

起居室的二重性

天空之屋最大的特征非三层那个被高高举起的起居室莫属［照片2］。

当踏进起居室的瞬间，就感觉这个起居室即是菊竹先生的二重性设计理念所影射的空间。这个空间给予身体需求的感受是，从地面飘浮起来的门槛［照片3、照片4］所衍生出的独特的“围合感”。

天空之屋是在1958年竣工的，正是菊竹先生的长女小雪诞生的时候。现在来思考那个飘浮出来的门槛的存在，就是为了防止

［图1］超乎想象的能宽容接纳对于增建改造的体系

天空之屋的变迁

1 道路 | 2 通向入口处的台阶 | 3 起居室 | 4 餐厅 | 5 卧室 | 6 厨房 | 7 浴室
8 通向1楼的台阶 | 9 庭院 | 10 停车场 | 11 儿童房的移动网格 | 12 客室 | 13 收纳
14 设备室 | 15 回廊 | 16 入口 | 17 壁龛 | 18 茶室 | 19 露台 | 20 暖房

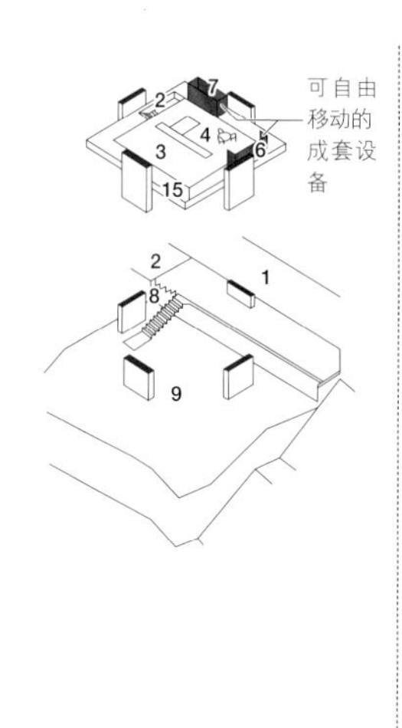

0 1958年：以只有夫妇二人的生活场所作为开始。

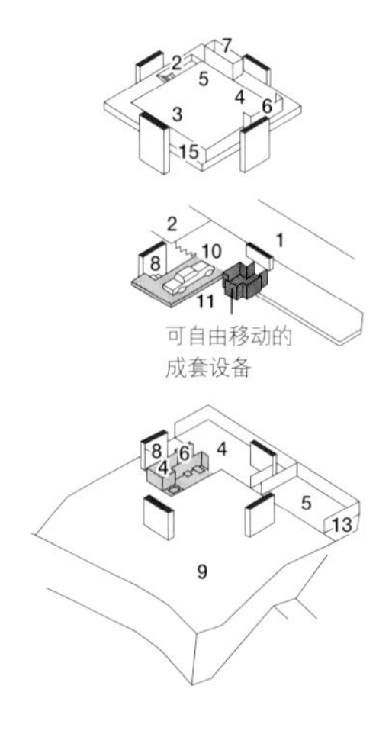

1 1962年：孩子的诞生使空间变得狭小，第一次改造。

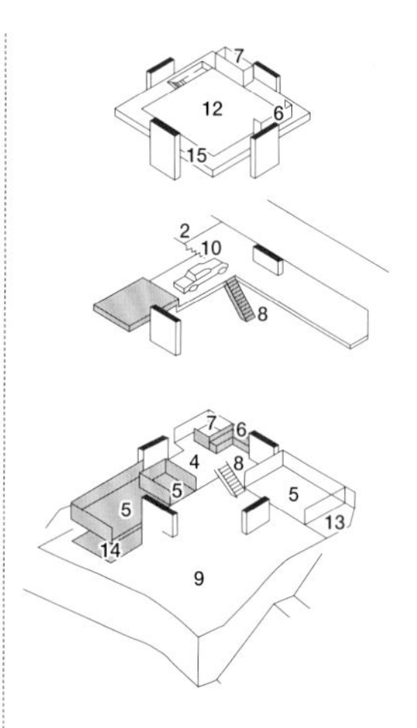

2 1967年：伴随孩子的成长大规模增建，儿童房的移动网格完成使命后被撤除。

[照片2]
独特的"围绕感"包围着起居室

这是现在的天空之屋起居室。起居室

正是"家的核心是居住在里面的人"的生长理念具象化的体现，现在几乎依然保持着刚竣工时的样子。配件中，抬高的门槛与门框上档所形成的空间好像浮起一样，形成了独特的"围合感"。

当时还是婴儿的小雪从起居室爬出阳台而设计的。菊竹先生关爱家人，从人的身体需求为出发点进行设计。这也刚好与菊竹具有很强逻辑的形象相契合，从而得到升华，这个生长理念就是迎合身体需求而派生出特殊健康空间。

天空之屋的成长和变迁。经过半个世纪，天空之屋迎合着菊竹家的成长和变迁，经历了各种变化。儿童房的设计采用"移动网格"的理念使其根据设定进行变化，但在使用过程中，还多次因为超出预想的行为设定而进行了多次的增建和改造，例如使首层地面部分温室化等。但是，无论什么变化都与起居室整合，天空之屋始终作为"天空"之屋被保留着，并带有宽容性系统的运作着，这一切都显得那么的意味深远。

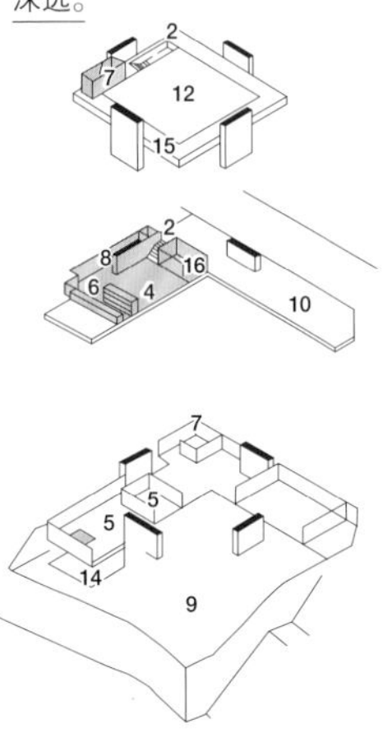

3 1972年：受家电机器设备发展的影响，在厨房周边进行改良。

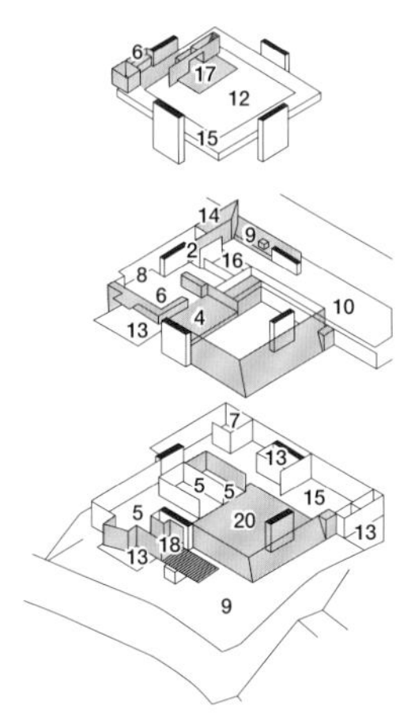

4 5 4:1977年 | 5:1980年：以二层三层为中心的改装。1980年导入节能技术，挑空层加入了太阳能设备，变成了暖房。

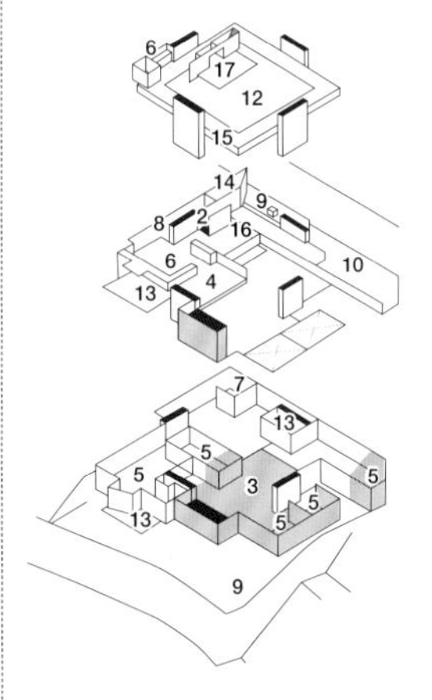

6 1985年：起居室也引入暖房设备，南侧的庭院增加了两个卧室。

[引自1986年9月22日《日经建筑》刊载的《成为名建筑之后》。]

[照片3]

抬高的门槛

带有很强抬升感的起居室，这其中重要的因素就是由于抬高了门槛。从起居室外围开敞的廊下空间跨过这个门槛就宛如进入到室内一样。

[照片：山梨知彦]

[照片4]
对家人的关爱

抬高门槛的细部。门槛下面用玻璃包围,热气不会分散。

并非建筑结构,而是以"居住为核心"

设计这个项目时,正是增泽洵和丹下健三等建筑师倡导以结构为中心扩展平面布置形式为热潮的时代。菊竹却是对核心中心应有的状态存有异议,居住的中心是人,是家人占据的场所,"是人所居住的地方,这才应该是家的核心",这是天空之屋的设计生长理念中所提倡的。

天空之屋之所以是一个名建筑,在我看来,正是由于这个建筑把"逻辑与身体需求"这二重性进行了整合,才衍生出两者兼具的空间。

天空之屋	竣工
所在地	1958年
东京都文京区	设计者
用地面积	菊竹清训
247.34平方米(竣工时)	施工者
结构	白石建设
钢筋混凝土结构(RC结构)	

第六章
[人]

19 香川县厅舍

1958 | Kagawa Prefectural Government Office

设计：丹下健三研究室

“理性与热情”

使人为之所动

从南侧的庭院看厅舍（现东馆）

右边东侧的道路就是挑空空间。

[照片：除特殊标记外均由山梨知彦提供]

山梨氏视角

YAMANASHI's EYE

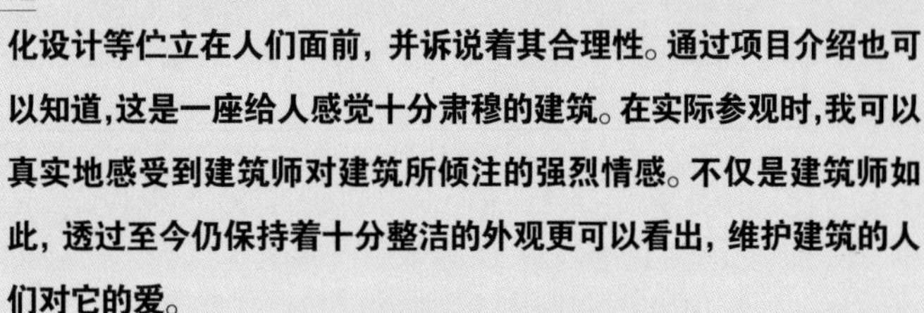

香川县厅舍的外观以象征着“民主主义”的首层架空广场、模数化设计等伫立在人们面前，并诉说着其合理性。通过项目介绍也可以知道，这是一座给人感觉十分肃穆的建筑。在实际参观时，我可以真实地感受到建筑师对建筑所倾注的强烈情感。不仅是建筑师如此，透过至今仍保持着十分整洁的外观更可以看出，维护建筑的人们对它的爱。

香川县厅舍是2013年为了纪念丹下健三诞辰100周年展览的代表作之一，也是政府建筑的名作了。

丹下在当时作为知事的金子正则邀请下，以“实现民主主义的建筑”为课题展开设计，并提出了对市民开放首层挑空空间的方案。面对当时令世界建筑师头痛的“超越功能主义”，丹下提出了可以让人联想到木的表皮的解决方案，使这个方案浅显易懂。

香川县厅舍作为政府建筑的原型，后来日本多数的政府大楼建筑都是参照这个样式进行设计的。

但是实际上当这个建筑展现在眼前的时候，我感受到的不仅仅是之前从项目介绍或者平面图等资料所获得的那些理性而端正的东西，更是建筑师赋予建筑的那种强烈的感情。

[照片1]

与广岛和平中心完全迥异的一层挑空空间

从东南侧看一层挑空空间。与广岛和平中心那种雕塑的作品的一层挑空空间不同，香川县厅舍的挑空空间是为了吸引、迎接更多的人而设计的。香川县厅舍呈现出与广岛和平中心完全迥异的建筑效果。

[照片2]
建筑前面的道路与庭院相连接

丹下健三诞辰100周年展（2013年7月20日－9月23日，香川县立博物馆）所展示的香川县厅舍的模型。一层挑空与庭院，与东侧道路的关系十分明了。展览不仅展出图纸与照片，还展出丹下的毕业设计与香川县厅舍的模型，内容十分充实。

解决问题的关键是赋予执着与热情

香川县厅舍的一层挑空空间与广岛和平中心（1952年）相比被抬到更高的位置，整体规划推到与前面道路相连接的极限位置，由此形成与庭院连续的动态空间[照片1、照片2]。

[照片3]
向室外突出的结构体

从阳台望出去的景象。预制混凝土的扶手。

[照片4]
与庭院产生连续感的悬浮窗格

一层南侧，面对庭院的窗格。最下端的窗框悬浮于地面，沿着地面视线与光可以连续，让天花的梁与窗框产生内外连续的效果，满足了悬浮于地面之上的窗格与地面材质的统一的最低限的建筑要素，从而使内外产生强烈的连续感。

将目光移向梁和柱可以发现，梁柱上面没有包裹任何装饰层，混凝土本身就成为外立面，剖面被简化到了极致。并且，梁与柱并没有停留在建筑内部而是延展到外部，使内外形成连续的统一体[照片3]。从施工的角度考虑不敢说是十分合理的设计。从模块化的角度，也是超越了合理性而对细部的完美追求。

在丹下研究室，通常丹下不是先进行一些关于风格的草图勾绘，而是在众多成员的沟通与探讨中，将这些形式进行总结整理。但是对于香川县厅舍，面对“使民主主义具象化”这样的课题，研究室成员无法简单通过建筑的手段来进行解决，设计初期持续着十分艰难的情况。

在那样的时期，丹下在研究室熬夜数日所勾绘的草图，成了最终方案的原型。在那些草图中，丹下将向前延伸的一层挑空理念,带有内外贯穿的梁的独特立面都十分明确的描绘出来。

如果抛开民主主义或功能主义这样的课题不谈，单纯从空间上即与庭院连续的挑空、内外贯穿的结构框架等具有建筑性主题来看的话，香川县厅舍是丹下在设计广岛和平中心后，先被赋予了热情再进行设计的产物。曾几何时，丹下的脑海中已把一层挑空作为接纳民众的广场并与“民主主义理念”相结合，露出的结构内外都不经任何装饰而以本来面貌展现其功能性，通过这些混凝土反而可以感受到传统的规格化木结构，可以说是“克服现代”并与传统进行了接续。

营造连续感的悬浮窗格

当然，光凭一张草图是无法诞生出一座名建筑的。丹下凭借天才的直觉为方案定了方向，研究室的成员全员参与，叠加各种智慧,十分顺利的推进了方案的发展。

例如，设计中利用结构体使内外带有连续感，是丹下的得力助手浅田孝以悬浮的窗格为细部[照片4]，实现最上层带有回廊风格的屋顶,是十分明快的表现。并且,作为统一的要素直角在建筑的各部位得到体现，而在一层挑空空间的柱脚却被打磨成柔软的圆角，这是为了迎接民众的进入而产生的又一关于细节设计的理念[照片5]。

[照片5]
只有一层挑空的柱脚被打磨成圆角

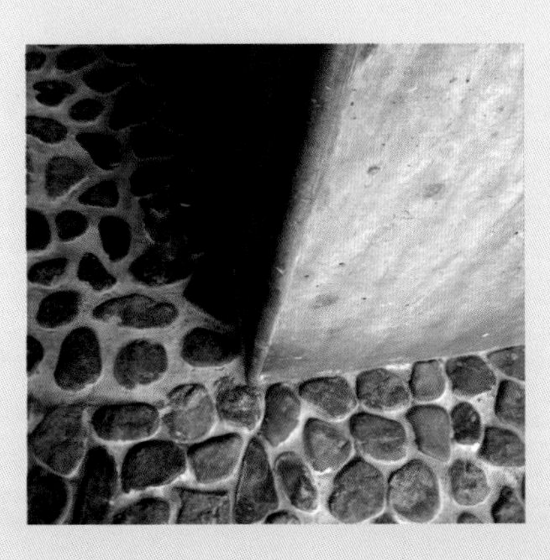

一层的柱。清水混凝土部分以及现场浇筑部分全都是“直角”，设计只有一层挑空部分的柱采用柔和的圆角。正如设计说明中记载的那样，采用圆角是为了更好地迎接市民进入，这也许是在现场浇筑混凝土阶段对于细节讨论所产生的结果。

［照片6］

全员去现场进行混凝土搅拌

浇筑混凝土的场景。混凝土经过盐分浓度等配比的确认后用独轮车运输，现场全员出动用竹子搅拌混凝土。

［照片7］

打造新铸件的模具

关于混凝土浇筑记载的设计委托书写道：放弃对以往“模具”的概念，制作出理想的“铸件”，为了做出适当的“模具”而努力，要做好心理准备。

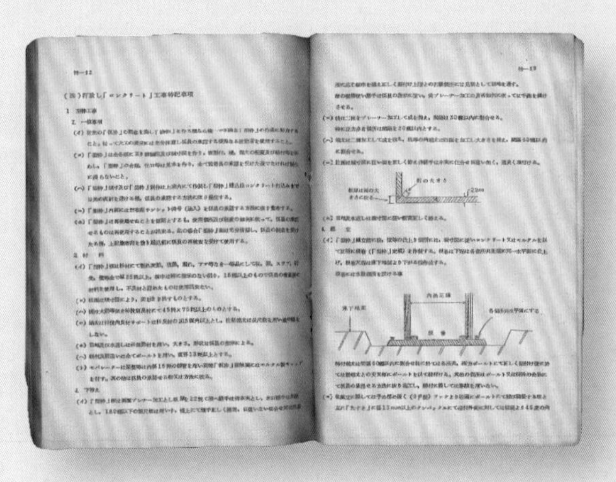

特—12

打放し「コンクリート」工事特記事項

［照片8］

都是日常清扫所赐

清和会对台阶清扫的场景。建筑使用寿命的延长与否取决于爱护与持续维护它的人们。

鲜有的如此漂亮地完成混凝土的浇筑工作，要归功于前川国男事务所派遣的现场监理道明容次。由森本组完成制模工艺，在总承包者大林组的协作下制作而成［照片6］。设计委托书中这样写道：更换对以往“模具”的概念，制作出理想的“铸件”，为了做出适当的“模具”而努力［照片7］，要做好心理准备。

两人的设计热情令人动容

为这个名建筑倾注热情的不只丹下一人。为了与民主主义的课题相连接，委托丹下设计的金子先生，用带有政治的热情与民主主义课题相连接，并认为通过这个建筑一定可以解决这个课题。就这样，两人赋予建筑的热情的方向是一致的，毋庸置疑这是推进此名建筑诞生的重大要因。

在现场参观的时候令我吃惊的是，已建设超过50年的政府建筑，至今依旧保持得十分整洁。这并不只是因为建筑建造的坚固，而是人们渴望要将建筑长久保持而精心地维护着，这样讲绝对不过分的。这个建筑可以被如此完好保护的原因之一，很大程度源于金子先生组织的清扫团队“清和会”的倡议［照片8］。

如果单纯只是合乎情理的设计，无法让使用者产生足够的共鸣。同理如果只是单纯的事前被赋予感情也不会有共鸣产生。所以，一定要有逻辑性与热情相辅相成，名建筑才可以产生。

香川县厅舍

所在地

高松市番町4-1

使用面积

约1.2万平方米

结构

钢筋混凝土结构（RC结构）

层数

地上8层

设计者

丹下健三研究室

坪井善胜研究室（结构）

川合建二·坂轮俊夫（暖房）

施工者

大林组（建筑）

施工工期

1955年12月-1958年5月

总工费

4.6695亿日元（南庭院，家具除外）

Chapter 7

近代建筑，就好似被国际主义风格代表了一般，
全世界的建筑师都在摸索再设计可能的建筑理念。
但是，在实践尝试着观察那些被称为名建筑的近代建筑，
不难看出根据建筑用地或者项目自身的特有性，
近代建筑的语汇是随之变化的，并产生了与用地密不可分的关系。
在最后一章里，我们将探讨如何生成场地与建筑的关系，
这也是打造名建筑所不可或缺的条件之一，
并对世界级水平的名建筑“广岛和平中心”进行了再思考。

抛弃再设计的可能
创造与场地环境密不可分的关系

场所

第七章
[场所]

20 广岛和平中心

1952, 1955, 1989 | Hiroshima Peace Center Complex

设计：丹下健三研究室

能消失的轴线

“无为而成”

从南侧越过建筑看向原爆圆顶屋

[照片 : 除特殊标记外均由山梨知彦提供]

从原爆圆顶屋的角度展望和平纪念公园。这里所展示的轴线，
在公园内部虽然可以十分强烈的被感受到，但是从原爆圆顶屋的角度看，
与绿地交织在一起，完全感觉不到轴线的存在。
根据观看的角度不同而展示不同的特色，
这就是带有“非对称性”的日本式轴线。
［照片提供：村井修］

山梨氏视角
YAMANASHI's EYE

一想到丹下健三早期的建成作品广岛和平中心，脑海中马上浮现从陈列馆（资料馆）到原爆圆顶屋的那条笔直延展的轴线。而我实地去考察的时候，这条轴线却并没有到达原爆圆顶屋。丹下把圆顶屋作为一个单体建筑没有进行过多的干预，而是在公园内部精耕细作，所以圆顶屋存在的意义就产生了“无须刻意制作就已经形成”的感觉。

广岛和平中心（广岛和平纪念公园）是1949年通过竞赛方式选出的方案。其他的方案都是把公园设计成封闭的形式，只有丹下的方案，把公园的外部一直扩展到原爆圆顶屋，十分出色的体现了广岛的框架。

即便如此，在战争刚结束后的那段时期里［照片1］，超出公园的规划而把周边环境都包含进来的宏伟方案一定是无法实现的。丹下方案［图1］的优点就在于他并没有对基地外的原爆圆顶屋进行干预，“设想（imaginary）轴线”从公园到原爆圆顶屋的方向来设定，决定了公园的特性是为和平祈祷的。简而言之，这个无

［照片1］
在焦土上用混凝土浇筑来建设的项目

面向着墓碑正在建设的陈列馆（资料馆）。这是丹下健三用自己的莱卡相机拍摄的照片。建设用地在一座墓地上，因为原爆守墓人也已离世，这里很多墓碑都变成了无主的墓。

［照片：丹下健三］

[图1]
在梯形的肌理上进行轴线重合

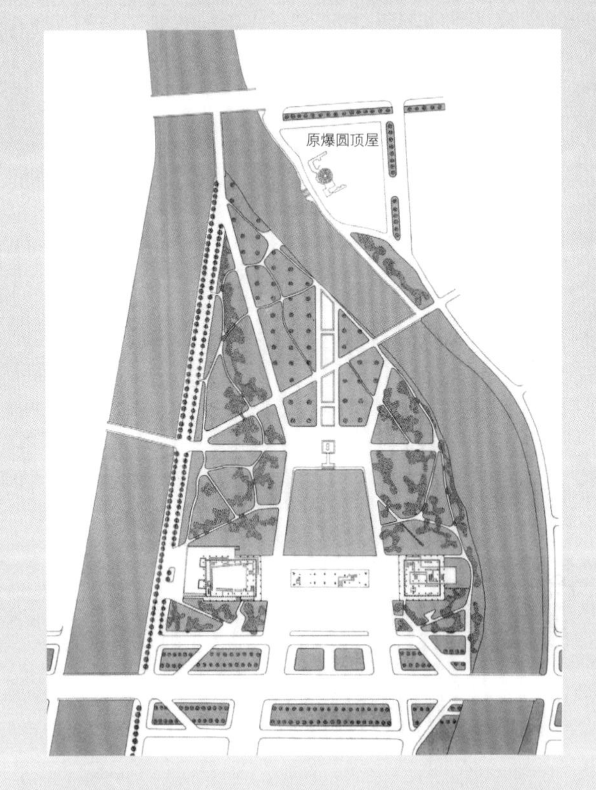

公园的总平面图。涵盖了既有的道路形状以及建筑用地向南侧的100米道路，为了设计出与公园的关系，丹下作品中反复地出现“梯形”。这个梯形肌理在诠释出诸功能的基础上，使带有非对称性的轴线重合与叠加，诞生了超出公园尺度的某种象征性。

实体而被想象的轴线，决定了周边街道的特性，广岛市的城市框架也便如此被设定出来。

从圆顶屋看过去会消失的轴线

从建筑的布局以及一层挑空的形状[照片2]来看，有人指出项目带有类似伊势神宫或严岛神社的设计，我关注到通过轴线的布局可知，原爆圆顶屋与陈列馆明确的主从关系，正遵从了神道

[照片2]
作为公园的门面
所起到的作用

东北方向看陈列馆的外观(上)和一层挑空。从南侧连接过来，陈列馆作为与公园全体的尺度相吻合的大门起到很大的作用。丹下把这个尺度称为“带有社会性的人的尺度”。

的原型即类似神本体与参拜神殿的关系。

西方的轴线设计，多是把焦点放置两边而形成对称感。而此方案却在轴线的基础上明确表现出原爆圆顶屋是主，陈列馆是从的关系。从陈列馆的方向来看可以十分强烈地感受到轴线存在感［照片2、照片3］，但是从原爆圆顶屋的一侧却完全感受不到轴线的存在［照片4］。这里运用的是非对称性，也是极为日式的轴线处理手法。

通过这个明确的主从关系的轴线，面向原爆圆顶屋，为了两万人而祈祷的场所就这样诞生了［照片5、照片6］。同时，原爆圆顶屋的周边，消去了轴线的存在，这样可以加强人们对原爆圆顶屋存在的意识［照片7］。

由“残骸”到印记

［照片3］
挑空正对着
原爆圆顶屋
从一层挑空望向北侧。通向原爆圆顶屋可以感受到很强烈的轴线。

［照片4］
河流与绿树使轴线消失
穿过河流，在原爆圆顶屋前面反向看陈列馆，公园内的植被遮盖了陈列馆，消除了轴线的存在。

[照片5]
视线自然的关注到原爆圆顶屋

在公园内的任何地方，都可以感受到轴线强烈的存在感。即使慰灵纪念碑与最初设想的尺度大幅度缩小了,依然可以非常强烈地感受到轴线的存在。

[照片6]
从建筑内部也可以看到轴线

从陈列馆的开口部位同样可以十分强烈地感受到指向原爆圆顶屋的轴线。

可以说奇迹般残留下来的圆顶屋骨架展示着一种特殊的存在感。当年组织竞赛时，原爆圆顶屋还只不过是广岛产业奖励馆的“残骸”。市民们称呼它为“原爆圆顶屋”是在1950年的时候，而被决定永久保留是在1966年广岛市议会上通过的。所以说，早早地看出原爆圆顶屋的价值，并且把公园的轴线指向它而进行设计的丹下真是具有惊人的慧眼。

保留原爆圆顶屋的决定源自一位经历了原爆少女的呼声，市民和社会活动家们也都积极参与进来。在这个方案里，原爆圆顶屋并不代表一栋被毁坏的建筑，它成了祈祷和平的象征。另一个方面，由于原爆圆顶屋已经深入人心，也正因为这个方案的规划使它得以保存下来。

由于当时的经济状况和环境条件，需要尽可能的削减开销。为了社会意义而去创造，是那个时代建筑师和城市规划师的追求。从丹下的“不做而做”的设计理念中我们可以学到很多东西。

[照片7]

没有被干涉的圆顶屋

原爆圆顶屋没有进行任何干预而被保存下来是十分重要的，也许丹下正是要传达这样的信息。

广岛和平中心

(现广岛和平纪念资料馆本馆)

所在地

广岛市中区中岛町

设计

丹下健三研究室

结构设计

松下清夫研究室

使用面积

2848.10平方米

层数

地上2层

结构

钢筋混凝土结构（RC结构）

施工

大林组

施工工期

1949年–1952年

（开馆在1955年，1989年国际会议场竣工）

Dialogue

［对话］

山梨知彦（日建设计）
西泽立卫（SANAA，西泽立卫建筑设计事务所）

Tomohiko Yamanashi x Ryue Nishizawa

解决既有问题的同时，又制造“新的问题”

西泽立卫与妹岛和世组建的SANAA事务所获得了2010年度的普利兹克建筑奖；其个人发展也相当活跃。

山梨知彦，自称是SANNA事务所的粉丝，与西泽立卫的第一次聊天进行得非常顺利。

两人都认为创作就是解决既有问题的同时，又制造“新的问题”。

山梨知彦（左）与西泽立卫（右）

对话在山梨工作的日建设计的客户洽谈室里进行。

［人物照片：花井智子］

山梨　这本书所选取的20件作品中，SANAA设计的金泽21世纪美术馆（2004）[照片1]是最新的建筑作品了。当然如果被称为名建筑一般都要经过几十年甚至更久的锤炼与考验。即便如此，我也想把这个建筑作为名建筑而收录，因为金泽21世纪美术馆是超越现代建筑的典范之作。

西泽　十分感谢您的高度评价。

山梨　其实，因为偶然在施工现场有个熟人，所以在施工过程中我进去看了。去施工现场看了一次，建成后又去看了数回（笑）。对我而言，这个建筑是使我改变对SANAA看法的建筑。

西泽　哦，为什么 这么说呢？

山梨　对于SANAA之前所设计的建筑作品，由强有力的平面布局上所带来的时尚感是不容忽视的，而这个建筑却表现出十分强烈的材质感。虽说是材质感，却与那种日式单调的质感不同，而是营造出一种轻盈的曲面玻璃的感觉。因为是曲率很小的弧度，玻璃也不是完全的透明，可以看出超越了正圆形所展示的图式

[照片1]
山梨认为这是成为西泽设计理念转折点的作品

金泽21世纪美术馆。西泽回应“建筑的社会性是十分有趣的”。设计：SANAA；施工：竹中工务店Hazama，丰藏组，本阵建设，日本海建设JV；竣工：2004年，金泽市。详细参照152页。

[照片：吉田诚]

性而变得物质化。

对于那个曲率极小的玻璃的处理手法，就算是我们搞建筑的人看后也十分吃惊，居然可以在没用加强件（指钢材）来锻接的情况下而契合得如此完美。真的是轻而易举的化腐朽为神奇。这样的作品，感觉完全是异世界的产物。

通过金泽21世纪美术馆我成了SANAA的粉丝，这之后劳力士学习中心（Rolex Learning Center，2010年德国）以及您单独设计的丰岛美术馆（2010年），我都去看了。

西泽　非常感谢您对我的厚爱。

山梨　设计金泽21世纪美术馆时的各种条件、当时所考虑的问题以及相关的趣闻等，能跟我们聊一下吗？

西泽　我觉得设计金泽21世纪美术馆的时期恰好是我遇到各种问题的时期。当时，建筑的社会性、公共性等之类的问题都摆在面前需要解决，从一开始便有了十分沉重的感觉。

•

图式化的局限性

•

西泽　20世纪90年代时我的建筑设计，正如山梨先生所讲的那样，带有十分强烈的图式化。首先一定要考虑的一个问题就是与空间的关系性这样的课题。简而言之，建筑处理成明快的状态时，不管怎样都要图式化，或是变得图式化。这一情况对我而言在20世纪90年代的十年间变得相当尖锐，但在这之后，我逐渐感到这种图式化的局限性。恰恰在这个时候，金泽21世纪美术馆要开始着手设计了。不管怎么说，现在来看做成了一个不错的场所。嗯，真的做成了大家都觉得还不错的场所了吗？

山梨　真的是，如同剧院般的场所。

西泽　为了让周边的人可以聚集过来，这个场所要做成现代美术馆和交流馆。当时的竞标要求中，交流馆和美术馆要分别建造。但是我们却提出了将两者合在一起的方案。

山梨　这是为什么呢？

西泽　直接的理由就是，两者本身就可以相互的交流，与分别建设场

西泽立卫(Nishizawa Ryuue), 1966年出生于东京, 1990年横滨国立大学研究生院硕士毕业, 并入职妹岛和世建筑设计事务所。1995年与妹岛和世组建SANAA建筑事务所, 1997年设立西泽立卫建筑设计事务所。2001年开始, 任横滨国立大学研究生院副教授, 2010年开始, 担任同研究生院教授。2010年, 与妹岛共同获得普利兹克建筑奖。以SANAA为名设计的建筑主要包括金泽21世纪美术馆、美国新当代艺术馆。西泽立卫建筑设计事务所的代表作品包括十和田市现代美术馆、丰岛美术馆等。

馆比较起来，一体化更有优势。但是，随着设计的进行，如果一体化，就会形成如地标一样带有易识别性的属性。作为美术馆与交流馆的交融，不能单纯只考虑建筑物，要考虑周边的事物与建筑本身的关系，在思考以何种方式连结两者的情况下，设计逐渐展开。

从社会性中发现设计的“趣味”

西泽　渐渐的，建筑所持有的社会性，与项目所带有的社会性合并成空间的特征开始被考虑。也就是说，如果房间只被并列排布的话，在我看来是非社会的，感觉是封闭的。

山梨　也就是说，只着眼于解决客户所提出的问题，并不能完成新的方案设计。这么做虽然符合客户的要求，却不能给予社会任何反馈。

西泽　就是这样的。如果为了使建筑回应社会需求，单纯并列摆放空间是行不通的。

当时我们所考虑的解决办法就是单纯的“设计开放的建筑”。开放的空间就可以将内外相连接。为了将街道等社会性空间与建筑本体相连接，需要设计一些门槛低矮的建筑。

山梨　原来是这样。也就是说，一般的美术馆就算空间被设计得很好，但也只是如同处于关闭的金库一般缺少开放性，而金泽美术馆的各展示室是分开而又扩散的……

西泽　并且是从中间可以穿过的形态。建筑竣工的时候，人们哗的涌入建筑，横穿入场的场景着实令人感动。让我切实感受到建筑的公共性，与其说是一种义务还不如说是建筑师可以用来思考的一个有趣的课题。

运用曲面改变材料的质感

山梨　外表皮是怎么决定的呢？

西泽　首先外表皮要尽可能的透明，同时还想强调它的存在感。

山梨　只做出透明感不行吗？

西泽　的确是想做出透明感的，但同时还想把街道的景象映在上面。通过一种材料想表现出两种感觉。

山梨　事实上，金泽美术馆的玻璃，就我本身而言同时具有透明感与存在感，这种感受是很强烈的，这也是一种新的体验。

西泽　从那之后，我就开始对弯曲的玻璃产生很大的兴趣。虽然玻璃本身给人很硬的感觉，但是变成曲面后就会产生某种不可思议的柔软感，这是为什么呢？我开始对树脂玻璃产生了兴趣。仅以曲面方式就可以展现出不同的物质性，对此我非常的惊讶。

密斯·凡·德·罗在做超高层大楼的研究的时候，曾尝试用镜面来装饰模型的窗户部分。密斯强调的是玻璃的反射性，希望像镜子那样把四角都镶嵌上。但是我们的目的并不是那样，我们要的是带有透明感的反射。不过也多少得到些意外收获……

山梨　怎么说呢？

西泽　我们的目标是保有建筑与街道的连续性，但是"好像飞碟降落"这样的评价却着实让妹岛受到不小的打击（笑）。虽然大家都是带着肯定的评价，对我们而言却是最大的批评，让我们经受了不小的打击。

我觉得对于我们的设计，用开放、透明、影射、反射这些看上去十分矛盾的字眼来评价却是十分恰当的。

山梨　没有考虑过使用门扇等建筑构件来变成完全开放式的样子吗？

西泽　是的，完全没有考虑过。连续的构件重叠会使细节不完美，而且

也不能任意开关。空调的负荷以及虫害也都是问题。

山梨　之前就已经说到过，这里采取十分高端的玻璃做法，却没让人感到在玻璃上费了很大功夫。

西泽　对于建筑而言细部做法如同生命一般重要。如果只是把图解直接简单放大为真实尺寸，建出来的效果一定是不忍直视。但精细的做细部的目的也不是单纯为了表现细部做法。

•

“提出问题”的缘由

•

山梨　之后您也做了各种各样的尝试，但我果然还是对丰岛美术馆［照片2］情有独钟。

西泽　是嘛，谢谢您。其实那个建筑什么都没有，只是一组混凝土的组合。

山梨　没错。但是，丰岛美术馆在设计角度上弱化了图式化，使得内外连接也处理得若有若无，这就太厉害了。这回连玻璃都没有。在看到丰岛项目前我看到了劳力士学习中心［照片3］，劳力士项目虽然值得称赞，但是与丰岛美术馆比较起来我更加喜欢丰岛项目。比如，劳力士中心的几何效果。这么说也许有些失礼了，看到完成的曲面设计难免会想到“这样的设计在国外行得通吗”。而真的换做丰岛美术馆时，我却觉得，这根本就是将设计方案在头脑内的几何效果原封不动地再现出来吧。

金泽21世纪美术馆、劳力士学习中心以及丰岛美术馆，在我看来都是名建筑的水平，在创造它们的过程中，有没有有意识的考虑着“这回我一定要造一个名建筑”呢？

西泽　“名作”或者说“名建筑”这样的词汇在我脑海里是不存在的，但是在做每个项目的时候我都会把某个细节做得有趣，要做成一个“很棒”作品的想法还是有的。而其他人是否能接受，远没有自己能做到与否更重要。对于我自己来说，能提出问题，就是非常棒的事情了。

山梨　换句话说，这个“问题”要得到全社会的认可吧？并不是单纯的建造建筑，而是一种对于全社会来说所传达的全新价值，不知

[照片2]
带有艺术效果的混凝土外壳

丰岛美术馆。香川县丰岛由直岛福武美术馆财团建设的美术馆。与内藤礼的艺术作品融为一体的建筑。水滴一样的混凝土外壳,用堆土的模板进行浇灌。设计：西泽立卫建筑设计事务所；施工：鹿岛；竣工：2010年,香川县土庄町唐柜

[照片：日经建筑]

道是不是可以这样来理解?

西泽　打个比方,就说爱迪生发明电灯吧,这是个新问题。但是那究竟是为了什么?没有标准的答案，但无论如何，那光辉本身就是重大问题,它始终存在于技术界、发明界。

●

"问题"不仅仅是"问题"

●

西泽　接手森山邸(2005年)[照片4]这个项目时，我一度认为，问题是零散的空间充斥在一起。但是作为一个项目，我又觉得迅速地解决它也并不是一件好事。

空间零散又怎么样呢，如果连尝试都不敢的话，那是没有办法做出任何决策的。明明被业主拜托着"请解决问题"，而实际上建筑师却因新出现的问题而兴奋不已，这才是给业主增添了很多麻烦吧(笑)。但是,对于搞创作的人而言,这是必须要思考的事情。无论是拉面店主还是化学家,遇到需要面对的问题时候,

[照片3]
天井和楼板缓缓地起伏

劳力士学习中心(Rolex Learning Center)的大堂。建于瑞士联邦工科大学洛桑校区内。集图书室、多功能厅、办公、餐饮于一体。一层的大空间使地面与天井缓缓地起伏。设计:SANAA;竣工:2010年,瑞士

[照片:武藤圣一]

更应该意识到"问题"才是创作的原动力。

其实,我十分喜欢夏目漱石,漱石让我特别感动的作品从三部曲的《三四郎》开始,到《从今往后》接着是《门》,到最后的《心》,从一个问题开始爆发然后接着精彩迭出。

山梨　您所指的是问题提出的连续?

西泽　是的,并非一举解决所有的问题,而是不断挑战新问题,并连续的爆发,作为新闻小说也在继续着。不仅仅是夏目漱石个人的问题,同时作为那个时代的象征而延续。当然了,建筑不单纯只是艺术,也有很多不同点,但我认为原理是相近的。与其单独说建筑如何,还不如说建筑在历史上呈现出什么,这种历史的展现,并不在于妹岛或我的个人满足,而是从最初问题的起始,到后来我们所发展出的问题的延续。在我看来,不断地接受问题,才能循序渐进地解答问题。

山梨　原来如此。金泽21世纪美术馆、劳力士学习中心、丰岛美术馆或者森山邸等项目都是最初所接受问题的延续,在"改变形态"这

[照片4]
住户在建筑用地里布置得很分散

森山邸由长宽高都接近的白色长方体排列组成。各栋之间没有间隔可以来去自如。颠覆了“集合住宅各户都是相连的”普遍常识,并影响了今后的住宅设计。设计：西泽立卫建筑设计事务所；施工：平成建设；竣工：2005年,东京都内

[照片：吉田诚]

一主题的发展中，演变出了今天的话题,(从这些作品中)我清楚地感受到了一步步走来的踏实稳健。在这其中，与社会的连接有多有少,有大有小。

西泽 建筑的意义就是，不在于建好的那个瞬间，而是经受时间的洗礼慢慢地才会变得清晰。

•

抛出“在城市使用木材”的问题

•

山梨 我其实也会经常地抛出一些问题，例如在设计木材会馆[照片5]的时候，业主并没有要求我一定要使用木材。这是我自己提出的问题。

西泽 是在出方案的时候想到的吗?

山梨 花了一年的时间(笑)。设计大概花了两年半的时间。最初的1年时间里持续的考虑着“因为是木材会馆，难道不用木材表现吗？”但又被说成“那是该由日建设计考虑的问题吧”,我一想也

[照片5]
RC大楼使用了
1000立方米的
日本产材料

内外大量使用木材的木材会馆。在建筑物的西侧设置露台，柱状排列的方木材遮盖了结构体。层间采用不燃处理的阻燃材料。 设计：日建设计；施工：大成建设；竣工：2009年，东京都江东区。

[照片：细谷太阳二郎]

对，“算了，还是别用木材了”。然而，过了一周又反复琢磨“难道真的不用木材吗？”（笑）就在这一直反复纠结的过程中，业主终于妥协了。在设计索尼之城大崎办公楼（现NBF大崎大厦）的“生态表皮”即由水来冷却的装置的时候，也是这样的感觉。

大型建筑做久了就一定知道，设计时虽然强调的是功能、成本以及能否满足商务功能等，但到了真的建成后，通过功能、商务或者成本这些方面是得不到褒奖的（笑）。只有在完成后具有新的社会意义的时候，才会有第三方对建筑表示赞赏。因此，新的社会意义对于业主而言也没有什么损失。

就算业主现在还意识不到，只要能找到不影响商务效果、又能对社会做出贡献，并且还能满足自身的交汇点，大型建筑就可以起到向社会发问的效果。然而，真的把这个当成目标，这样做到底是对还是不对。作为普通人的我也会经常摇摆不定（笑）。比如，不那么辛劳的做事，更加轻松的做，只要让业主满意，那样难道不好吗？但是今天听到了西泽先生所提出的“要制造问题"的话题，嗯，在问答过程中突然很坚信，觉得自己的坚持是对的。

西泽　最终关于木材会馆，业主的反响如何？

山梨　反响非常好。

西泽　并且无论让谁看这个木材表皮，都会觉得是业主原本所提出的要求吧（笑）。

山梨　没错，是会被这么认为的，毕竟木材被反复的使用了那么多。

西泽　虽然不知道这是否可以成为名建筑的条件，不管怎么说，制造问题的本身是存在于创造建筑之上的，也是创作建筑的重要因素。

后记
Afterword

勒萨德帕梅拉游泳池

1966 | Leça Swimming Pools

设计：阿尔瓦罗·西扎

朴素与多样的整合

趁着旅行或出差的机会去看一看心仪已久的建筑，是学习建筑再好不过的体验了。

早在读建筑学科的学生时代，我在杂志上看到转载的勒萨德帕梅拉游泳池的照片时[照片1]，就梦想着一定要亲自去看看。对阿尔瓦罗·西扎的作品我都非常喜欢，并深深的被这些与其他建筑完全不同魅力的作品而迷住了。尽管如此，由于天生的倦怠性情，经过了30多年，也没有真的去看这座建筑。一个偶然的机

[照片1]
在学生时代就看到过这幅光景

竣工时勒萨德帕梅拉游泳池的样子。
为了写这篇散文特意向西扎先生要了照片
[照片：阿尔瓦罗·西扎]

[照片2]
可以联想到湘南的沿着海岸线的街道

上：波尔图的风景。杜罗河把街道一分为二，眼前就是以生产葡萄酒著称的亚新城。

[照片：除特殊标记外均由山梨知彦提供]

下：波尔图的街道

会，葡萄牙的建筑师邀请我去做一次演讲，我不假思索立马接受邀请的缘由，正是不加任何粉饰的发自心底想去参观这个游泳池。

努力放低的建筑

在波尔图的会场里结束了演讲，我匆匆忙忙的搭乘出租车，十分兴奋的奔向勒萨德帕梅拉游泳池[照片2]。

当告诉司机目的地是西扎的勒萨德帕梅拉游泳池时，司机开始用磕磕绊绊的英语聊起了西扎。聊了西扎在波尔图是多么有名，不仅如此，他的性情十分率真，并且整个波尔图的人都喜欢西扎以及他的作品等。其实不仅仅这个司机，乘坐的波尔图的其他出租车司机都对西扎做出同样的评价。可见西扎以及他的建筑真的受着波尔图人们的厚爱。

就这样，聊着这些话题，车经过了使人联想起湘南（日本神奈川县）恬静海湾的道路后，似乎瞬间就到达目的地了。

向往已久的西扎的建筑就那样在道路旁，以低矮的姿态，默默地伫立着。

[照片3]
在道路旁边
低低的存在着

从马路通向泳池的通路

带有咖啡厅的露台与转折处

幸运之神降临

因为已经过了开放的季节，我很担心无法进入，当到了门口发现还在开放，一时觉得是否幸运之神从天而降，便兴冲冲地迈入其中[照片3]。

但是很遗憾，沐浴室以及卫生间等建筑的门紧闭着。我不相信难道此行就只能看到这些，想着绝对要尝试一下，就朝着看上去还开放着的咖啡厅走去。因为是淡季，咖啡厅一个客人都没有。我无心享受咖啡厅的美好，哪怕只是喝一杯茶，因为心早就飞向了泳池。我不顾失礼，去央求店员说因为十分想拍照片，是否可以从这里去游泳池看看，没想到店员很轻松地就答应了。

我随即奔向了游泳池，在那里，脑海中旧有的杂志照片形象被放大了。并且，记忆中的失去色彩的那黑白的光景变成了蓝色的天空、海洋以及岩石的肌理混合在一起的景象，浑然一体甚至被无限扩大。特别是在淡季没什么人的状态下，这与旺季到处挤满人的印象比较起来，眼前是完全不同的风景。没有人影的掺杂，道路、岩石、海水与西扎那低矮的建筑交织在一起，构图优美，十分和谐[照片4]。

既不是对比，也不是简单的共存或共生，西扎创造了一个让人类作为一种生物可以在自然中畅游的场所。不多于此也不少于此,西扎的建筑就那样十分和谐的存在于自然中。

塑造直线造型的同时，西扎没有对自然做过多的干涉，也没有刻意地去迎合与模仿自然的形态。

经过岁月浸泡的混凝土直线，与海浪洗礼后崭新的岩石肌理联合起来,组合成难于言表的不可思议的构成效果。就这样,眼前的景象不管看多长时间都觉得不够，深邃的、意义非凡的建筑在眼前豁然开朗。

站了一会儿，我注意到给泳池的底部刷白漆的工作人员走了过来。人们很好地控制了使用季,现在开始维护了。与工作人员聊了之后才知道，低矮建筑也会进行维护。在维护过程中建筑肯定会打开吧？我这样想着，这是何等的幸运啊！马上拜托工作

[照片4]
岩石与海所形成的低矮的构图

用岩石制作的通向泳池的台阶

翻过桥状通道,可以感受到泳池紧邻着海

维护中的泳池

通过泳池的方向看建筑

人员，并成功与维护人员一起进入到了建筑内部。与此同时，急忙取消了自己先前的日程安排，以便有更加充分的时间来感受西扎的游泳池了［照片5］。

各部分材料构成的优美程度，是在怎样的推敲下而得到的，我突然不那么想知道，但这一序列的连接，一定是与自然分不开的。这个建筑的魅力线索似乎是说不完道不尽的。

无法通过研究来创造的景致

厌倦了现代建筑中装模作样的浓妆艳抹，粗糙的材质所碰撞出说不尽的天然味道，也正是这个建筑的特色。对于用惯了BIM序列对建筑进行彻底分析的我而言，没有计算机的时代，要如何开展序列研究才可以编织出这么意犹未尽的建筑啊［图1］。并且，在高喊着环境建筑之前的年代，建筑与视线的对比及共生，以及这种独特关系所产生的动机，又是如何产生的呢？

试想一下，这个建筑所释放出的所有魅力，至今都令我意犹未尽。换句话说，可以轻易地与喜欢的建筑师的视点相吻合，可以

［照片5］
绝妙的序列与
素材的构成

不管看了多长时间也看不够，
看上去朴素而又多样的建筑。

直线的水泥与
有机岩石的肌理交织出的构成形式

从西扎那里得到的平面图(修改后)[资料:阿尔瓦罗·西扎]

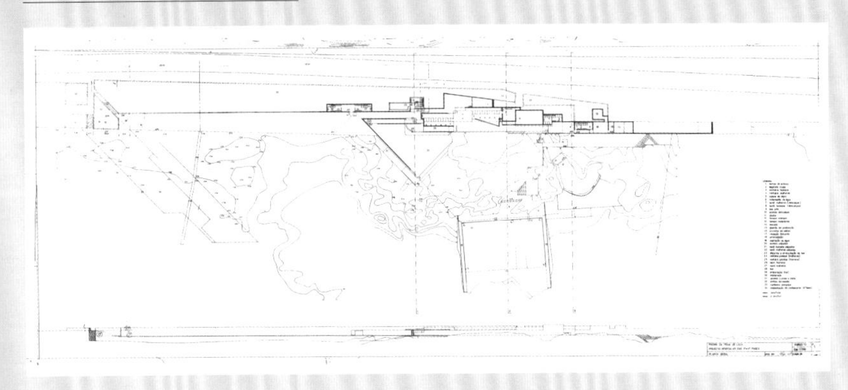

[图1]
建筑师十分纠结的痕迹

西扎的手绘

看到他的作品丰富的表情，这一切的交织带有十分强烈的多样性。朴素与多样的整合,正是这个建筑成为名建筑的理由。

我心目中的名建筑

令我感动的是，西扎建筑所传达给我的语汇，对于渺小的我而言宛如童话般的体验。但是所谓的名建筑,就如同这样的童话,让去那里参观的建筑师或那座城市的人们，都温柔的散落着各种语汇，并让每个人都感动着。这样的童话，并不是只有一个，对每个参观者都留下不同的记忆，或根据年龄或根据人生经验的不同，对于这些回忆可以偶尔雄辩饶舌，偶尔又可以保持少言寡语。对我自身而言，最初由一张照片引发，并在记忆中膨胀着，从出租车司机的口中得到一些信息，又不自觉地侧耳倾听着建筑对我诉说的言语，这些都是从建筑中获得的。正是有这多种多样的故事，人们不时地把其多样性与自身的深刻感悟反复交叠，所生成的复杂情感即是产生名建筑的条件吧。

无论何时看实际的建筑，也许是在大家都喜欢出游的夏季，即便是风雨交加的海浪袭来，建筑所留给人们的感官会是什么样的体验？不，也许只需要再光顾一次，定会理所当然的得到不同于以往的感受。

这次选取了20个建筑，回过头看，很多建筑都是反复多次的参观从而有更多的体会。所谓的名作之于我，就是借助参观拜访之际，对不同人说了不同的词汇，可以受人们爱戴，可以吸引人们反复的参观，可以被参照，那么这座名建筑的地位就无法被撼动了。

虽然都说创作是一件令人兴奋的事情，但是很遗憾地说，在创作建筑的人生中是饱受痛苦与艰辛的。可每当访问名建筑，每当被什么感动到，就会肯定地认为选择创作建筑的人生是幸福的，也许正因如此吧，这是无法辞去这个工作的原因。

山梨知彦

山梨知彦 | Tomohiko Yamanashi | 日建设计执行董事、设计部门副总监

1960年出生于神奈川县。

1984年毕业于东京艺术大学美术学院建筑专业。

1986年东京大学研究生院工学系研究都市工学专业结业，进入日建设计。

1996年担任日建设计主管。

2000年担任日建设计研究室长。

2006年担任日建设计设计部门副代表。

2010年担任日建设计执行董事，设计部门代表。

2015年3月至今担任日建设计执行董事、设计部门副总监。

2011年"HOKI美术馆"获得日本建筑大奖。

2014年"NBF大崎大厦"获得日本建筑学会奖（作品）。

—

主要负责项目

饭田桥第一大厦、第一山庄饭田桥，2000年

HOGY总部大楼，2002年

RUNE青山大厦，2003年

ROCKBELAY大厦，2004年

桐朋学园教学楼，2005年

神保町剧院大楼，2007年

乃村工艺社总部大楼，2007年

木材会馆，2009年

HOKI美术馆，2010年

NBF大崎大厦（旧索尼之城大崎办公楼），2011年

LAZONA川崎东芝大厦，2013年

桐朋学园大学调布校区1号馆，2014年

[译者的话]

当我们最初接触这本书，只知道这是一本通过案例分析来解读“名建筑”的书。里面的名建筑大多都是人们熟知的建筑作品，并没觉得有什么特别。

既然要开始翻译工作，一定不能按照自己平日的喜好而随意翻阅，不仅如此，更需要绞一下脑汁来思考文中的日语该如何用中文表达。所以，最初的翻译工作是在屏息凝神中开始的。然而真正着手来做，才发现整个过程远没有最初想象的枯燥。相反的是，刚刚开始便不忍放手，因为此书对于案例的解读几乎是一气呵成。本书通篇形散神聚，言简意赅，行文严谨而又不乏幽默。作者虽为资深建筑师，山梨先生却难能可贵的依旧保留一颗“好奇心”，没有故作高深的姿态，用通俗易懂的言语描绘着一幅幅动人的建筑素描。此书不仅对于建筑学专业的人，对于建筑爱好者也可谓之佳品。

不同于以往的建筑作品赏析类书籍，除了“住吉的长屋”以外，作者所解读的建筑作品都是亲临现场体验空间，用心来感悟建筑，当中又不乏作者对建筑所有者，或建筑设计者的拜访与交流。虽然作者自谦地说：本书并没有通过新视角对建筑作品进行解说。但是在译者看来，正是由于作者亲力亲为，通过自身角度解读了“建筑”，从而可以引发读者共鸣。通过作者所提出的“从这些建筑中得到的启示”出发，使读者想立刻跳入周边环境，尝试按照作者的逻辑去分析建筑。这些带有感染力的，作者通过自身角度出发的分析过程，正是构成此书独特视角的精髓。

对于“什么是名建筑”，作者始终没有给出定义，而是通过自己的甄别，选择了20个建筑作品。并归纳出“整合”“原理”“空间”“时间”“材料”“人”“场所”这七个关键词，用来概括名建筑的共性。同时，这七个关键词也成了判断名建筑的重要依据。

虽然作者通篇都没有直接告诉读者“什么是名建筑”，却希望通过解读建筑作品对读者进行启发。例如，幻庵的那篇（案例9），在看到犹如二次元世界中跳出的“幻庵”的建筑形态时，我们更多的感觉是“奇”和“怪”。而作者却从工业化大生产时代背景说开去，对使用标准化零部件所装配出的奇特建筑——幻庵进行了解读。形容其起居室如同婴孩“孕育在母亲子宫”般的温暖感，从而引出幻庵所要表达的真正语言：即便在标准化的时代，住宅也依然要保有其“独特姿态”。正由于作者对于案例循循善诱的阐述与讲解，读者从中明白正是这超前进行的革命，使得幻庵至今依旧散发其独特的光芒。

建筑的根本是服务于人，通过本书可以在轻松的气氛中了解建筑。正如作者所希望的，此书是为了抛砖引玉，通过作者对这些名建筑的解读，从而可以使读者敞开心扉敢于与建筑“对话”，释放自己内心对建筑的欢喜，而这种对建筑的“情绪”正是定义“名建筑”的条件了。

最后，十分感谢辽宁科学技术出版社宋纯智社长对译者的信任。从接受任务到完成任务经历了一个很长的过程，在这个过程里经历了波折，也收获了喜悦。所有的工作人员都尽职尽责，始终以高标准严要求的姿态对待此书。在翻译过程中，译者与山梨先生交流时，山梨先生表示十分期待此书在中国的出版，更希望此书可以为中国的读者带去一丝解读“名建筑”的乐趣。

张玲　范悦

图书在版编目（CIP）数据

名建筑的条件 /（日）山梨知彦著；张玲，范悦译．—沈阳：辽宁科学技术出版社，2018.4
ISBN 978-7-5591-0261-4

Ⅰ．①名… Ⅱ．①山… ②张… ③范… Ⅲ．①建筑设计 Ⅳ．①TU2

中国版本图书馆 CIP 数据核字（2017）第 111618 号

出版发行：辽宁科学技术出版社
（地址：沈阳市和平区十一纬路 25 号 邮编：110003）
印 刷 者：上海利丰雅高印刷有限公司
经 销 者：各地新华书店
幅面尺寸：145mm×210mm
印　　张：7
字　　数：200 千字
出版时间：2018 年 4 月第 1 版
印刷时间：2018 年 4 月第 1 次印刷
责任编辑：胡嘉思 韩欣桐
封面设计：关木子
版式设计：关木子
责任校对：周　文

书　　号：ISBN 978-7-5591-0261-4
定　　价：68.00 元

联系电话：024-23280035
邮购热线：024-23284502
http://www.lnkj.com.cn